"十四五"高等职业教育新形态一体化系列教材

MySQL
数据库技术应用教程

张松慧　何水艳◎主　编
　　余　阳◎副主编

中国铁道出版社有限公司
CHINA RAILWAY PUBLISHING HOUSE CO., LTD.

内 容 简 介

本书系统全面地讲述了数据库 MySQL 的技术与应用。结合高职教学特点，全书共由 10 个项目组成，内容涵盖了高等职业院校对数据库和 MySQL 的教学要求，主要内容包括初识数据库，安装与配置数据库环境，创建与管理数据库表，数据表的基本操作，数据查询，创建与管理视图，创建与管理索引，数据库编程，存储过程、存储函数、触发器，管理数据库等。本书提供了配套的教学资源，包括 PPT、习题答案等多种资源。

本书具有很强的实践性，结构清晰，案例丰富且准确易懂。以图书管理系统作为教学项目，以学生成绩数据库作为项目实训。从基本概念出发，通过大量案例由浅入深、循序渐进地介绍数据库技术和 MySQL 的基本概念和操作方法。

本书适合作为高等职业院校计算机相关专业的教材，也可作为参加数据库类考试人员、工程技术人员，以及其他相关人员的培训教材和参考书。

图书在版编目（CIP）数据

MySQL 数据库技术应用教程 / 张松慧，何水艳主编 . —北京：中国铁道出版社有限公司，2023.9

"十四五"高等职业教育新形态一体化系列教材

ISBN 978-7-113-30034-0

Ⅰ.①M… Ⅱ.①张…②何… Ⅲ.①SQL 语言 – 数据库管理系统 – 高等职业教育 – 教材 Ⅳ.①TP311.132.3

中国国家版本馆 CIP 数据核字（2023）第 045233 号

书　　名：	MySQL 数据库技术应用教程
作　　者：	张松慧　何水艳

策　　划：	徐海英　王春霞	编辑部电话：（010）63551006
责任编辑：	王春霞　包　宁	
封面设计：	尚明龙	
责任校对：	苗　丹	
责任印制：	樊启鹏	

出版发行：中国铁道出版社有限公司（100054，北京市西城区右安门西街 8 号）
网　　址：http://www.tdpress.com/51eds/

印　　刷：三河市国英印务有限公司
版　　次：2023 年 9 月第 1 版　2023 年 9 月第 1 次印刷
开　　本：850 mm×1 168 mm　1/16　印张：12　字数：306 千
书　　号：ISBN 978-7-113-30034-0
定　　价：39.80 元

版权所有　侵权必究

凡购买铁道版图书，如有印制质量问题，请与本社教材图书营销部联系调换。电话：（010）63550836
打击盗版举报电话：（010）63549461

前　言

党的二十大报告指出："统筹职业教育、高等教育、继续教育协同创新，推进职普融通、产教融合、科教融汇，优化职业教育类型定位。"本书落实二十大报告精神，特别强调高职教育实践能力的培养和案例驱动的教学方法。本着"理论知识够用、注重实践编程能力培养"的原则，在内容编排、案例选取方面都作了精心策划，真正做到了"教学做一体化"。

数据库是现代信息科学与技术的重要组成部分，高校本专科计算机及相关专业重要的专业基础课程之一。本书内容围绕培养高职学生框架开发技能展开，秉承以就业为导向、基于职业岗位工作内容开发课程内容，每个项目由项目描述、职业能力目标/素养目标、相关知识、项目实施、项目实训等部分组成，采用图书管理系统和学生成绩管理数据库项目贯穿始末。每个项目包括若干精心设计的学习任务，将知识点融入实际任务的完成过程中，在最新的数据库开发平台上运行调试，注重具体问题的解决方法和实现技术。

MySQL 是很受欢迎的开源数据库，它有开源数据库速度快、易用性好、支持 SQL 和网络、可移植、费用低等特点，逐渐成为中小型应用数据库的首选。

本书根据计算机相关人才培养的需要，结合高等职业院校对学生开发数据库技能要求，较全面地讲述了数据库和 MySQL 的技术与应用。结合高职教学特点，全书共由 10 个项目组成，内容涵盖了高等职业院校对数据库和 MySQL 的教学要求，主要内容包括初识数据库，安装与配置数据库环境，创建与管理数据库表，数据表的基本操作，数据查询，创建与管理视图，创建与管理索引，数据库编程，存储过程、存储函数、触发器，管理数据库等。全书各项目都与实例紧密结合，并且融合了 MySQL 的具体实现，以方便学生在掌握理论知识的同时提高解决问题的动手能力，达到学以致用的目的。

本书的编者长期从事数据库的开发和教学工作，经验丰富。全书内容编排紧凑，环环相扣，层次清晰，案例丰富。具有以下特色：

（1）入门门槛低，内容全面。从了解数据库概念开始讲起，即使没有任何数据库基础的学习者，也能快速入门。本书涵盖内容全面，学习完本书，基本能全面掌握 MySQL 的相关知识，能为将来进一步的学习和工作奠定良好的基础。

（2）案例教学，举一反三。所有内容均采取案例教学法，让读者能通过案例迅速领会知识点的实际应用，并能举一反三。

实训任务与知识点的完美结合。每一任务都配有实训项目和相应的习题，既锻炼了实际操作能力，又巩固了所学知识点。

本书教学课时共 72 课时，课时安排及教学方案如下：

项　　目	学习时长（课时）
初识数据库	4
安装与配置数据库环境	4
创建与管理数据库表	6
数据表的基本操作	10
数据查询	24
创建与管理视图	8
创建与管理索引	4
数据库编程	4
存储过程、存储函数、触发器	4
管理数据库	4

本书由张松慧、何水艳任主编，余阳任副主编，其中，项目 1 至项目 3 由张松慧编写，项目 4 至项目 6 由何水艳编写，项目 7 至项目 10 由余阳编写，全书由张松慧负责统筹。本书在编写过程中得到了陈丹、陈娜、梁晓娅、吴慧婷、李志刚、尹江山、吴梦婷等的大力支持和帮助。

在编写过程中，参考了大量优秀的数据库相关技术资料，吸取了许多同仁们的经验，在此对他们表示感谢。但由于编者水平有限，书中难免存在不足之处，敬请广大读者批评指正。

编　者

2023 年 6 月

目　录

项目1　初识数据库 ……………………… 1

1.1　项目描述 ……………………………… 1
1.2　职业能力、素养目标 …………………… 1
1.3　相关知识 ……………………………… 1
　　1.3.1　数据库概述 …………………… 1
　　1.3.2　设计数据库关系模型 …………… 5
　　1.3.3　数据库关系模型的建立 ………… 8
　　1.3.4　关系模式的规范化 …………… 10
1.4　项目实施 …………………………… 11
　　任务1-1　E-R图设计实例 …………… 11
　　任务1-2　规范化实例 ……………… 12
1.5　小结 ………………………………… 14
1.6　项目实训1　为学生成绩管理系统
　　　　设计一个E-R模型 ………………… 14
1.7　练习题 ……………………………… 15
1.8　项目实训1考评 ……………………… 16
拓展阅读 …………………………………… 16

项目2　安装与配置数据库环境 ……… 17

2.1　项目描述 …………………………… 17
2.2　职业能力、素养目标 ………………… 17
2.3　相关知识 …………………………… 17
　　2.3.1　MySQL服务器的安装与配置 …… 17
　　2.3.2　MySQL常用界面工具 ………… 26
2.4　项目实施 …………………………… 29
　　任务　连接与断开服务器 …………… 29
2.5　小结 ………………………………… 30
2.6　项目实训2　MySQL服务器的安装
　　　　与配置 …………………………… 31
2.7　练习题 ……………………………… 31
2.8　项目实训2考评 ……………………… 32
拓展阅读 …………………………………… 32

项目3　创建与管理数据库表 ………… 34

3.1　项目描述 …………………………… 34
3.2　职业能力、素养目标 ………………… 34
3.3　相关知识 …………………………… 35
　　3.3.1　MySQL的字符集和校对规则 …… 35
　　3.3.2　数据库的创建与管理 …………… 38
　　3.3.3　管理数据库 …………………… 39
　　3.3.4　创建与管理数据库表 …………… 40
　　3.3.5　管理数据库表 ………………… 43
　　3.3.6　操作表的数据完整性约束 ……… 45
3.4　项目实施 …………………………… 51
　　任务3-1　使用Navicat界面在数据库管理
　　　　系统中创建TSJY数据库 ………… 51
　　任务3-2　使用Navicat界面创建数据表 … 52
　　任务3-3　修改数据表 ……………… 54
　　任务3-4　删除数据表 ……………… 55
3.5　小结 ………………………………… 56
3.6　项目实训3　创建学生成绩数据
　　　　库表 ……………………………… 56
3.7　练习题 ……………………………… 57

3.8 项目实训3考评 59
拓展阅读 59

项目4 数据表的基本操作 60

4.1 项目描述 60
4.2 职业能力、素养目标 60
4.3 相关知识 60
    4.3.1 插入表数据 62
    4.3.2 修改表数据 65
    4.3.3 删除表数据 66
4.4 项目实施 67
    任务4-1 使用图形界面插入表数据 67
    任务4-2 使用图形界面修改、删除表
            数据 69
4.5 小结 71
4.6 项目实训4 管理学生成绩数据
    库表 71
4.7 练习题 72
4.8 项目实训4考评 75
拓展阅读 75

项目5 数据查询 76

5.1 项目描述 76
5.2 职业能力、素养目标 76
5.3 相关知识 76
    5.3.1 基本查询 76
    5.3.2 使用聚合函数查询 84
    5.3.3 连接查询 88
5.4 项目实施 93
    任务5-1 子查询 93
    任务5-2 比较子查询 94
5.5 小结 95
5.6 项目实训5 学生成绩数据库的
    查询 95

5.7 练习题 96
5.8 项目实训5考评 97
拓展阅读 97

项目6 创建与管理视图 98

6.1 项目描述 98
6.2 职业能力、素养目标 98
6.3 相关知识 98
    6.3.1 视图概述 98
    6.3.2 视图的创建 99
    6.3.3 查看视图 99
    6.3.4 修改视图 100
    6.3.5 删除视图 101
6.4 项目实施 101
    任务6-1 创建视图 101
    任务6-2 查看视图 102
    任务6-3 修改视图 104
    任务6-4 修改视图定义 105
    任务6-5 删除视图 106
6.5 小结 106
6.6 项目实训6 学生成绩数据库视图
    的操作 106
6.7 练习题 107
6.8 项目实训6考评 108
拓展阅读 108

项目7 创建与管理索引 109

7.1 项目描述 109
7.2 职业能力、素养目标 109
7.3 相关知识 110
    7.3.1 索引概述 110
    7.3.2 创建索引 112
    7.3.3 删除索引 115

7.4 项目实施 117
　任务7-1　使用图形界面操作索引 117
7.5 小结 118
7.6 项目实训7　学生成绩管理数据库
　　索引的操作 118
7.7 练习题 119
7.8 项目实训7考评 119
拓展阅读 120

项目8　数据库编程 121

8.1 项目描述 121
8.2 职业能力、素养目标 121
8.3 相关知识 121
　8.3.1　MySQL简介 121
　8.3.2　常量和变量 122
　8.3.3　运算符和表达式 125
　8.3.4　系统内置函数 130
8.4 项目实施 132
　任务8-1　条件语句 132
　任务8-2　循环语句 134
8.5 小结 136
8.6 项目实训8　学生成绩管理数据库
　　编程的操作 136
8.7 练习题 137
8.8 项目实训8考评 137
拓展阅读 138

项目9　存储过程、存储函数、
　　　　触发器 139

9.1 项目描述 139
9.2 职业能力、素养目标 139
9.3 相关知识 139
　9.3.1　存储过程 139

　9.3.2　存储函数 145
　9.3.3　触发器 148
　9.3.4　游标 152
9.4 项目实施 153
　任务9-1　存储过程 153
　任务9-2　AFTER类型触发器 155
　任务9-3　BEFORE类型触发器 155
9.5 小结 157
9.6 项目实训9　学生成绩管理数据库
　　存储过程和触发器的操作 157
9.7 练习题 158
9.8 项目实训9考评 158
拓展阅读 158

项目10　管理数据库 160

10.1 项目描述 160
10.2 职业能力、素养目标 160
10.3 相关知识 160
　10.3.1　用户和数据权限管理 160
　10.3.2　数据的备份与恢复 165
　10.3.3　MySQL日志 176
10.4 项目实施 177
　任务10-1　图形管理工具管理用户
　　　　　　和权限 177
　任务10-2　图形管理工具进行备份
　　　　　　和恢复 179
10.5 小结 181
10.6 项目实训10　对学生成绩管理
　　　数据库进行管理操作 181
10.7 练习题 182
10.8 项目实训10考评 182
拓展阅读 183

参考文献 184

网络出版资源明细表

序号	链接内容	页码
1	数据库基本概念	1
2	设计数据库关系模型	5
3	实体之间的联系	8
4	E-R 图设计实例	11
5	关系模式的规范化	12
6	E-R 图转换成关系模式	14
7	MySQL 服务器的安装与配置	17
8	MySQL 常用界面工具连接与断开服务器	29
9	MySQL 字符集和校对规则	35
10	和校对规则数据库的创建与管理	38
11	数据表的创建与管理	40
12	操作表的数据完整性约束	45
13	使用图形界面创建管理数据表	52
14	插入表数据	63
15	修改表数据	65
16	删除表数据	66
17	基本查询	77
18	WHERE 子句	80
19	BETWEEN....END LIKE 对结果进行排序	80
20	使用聚合函数查询	84
21	分组聚合查询	86
22	连接查询	88
23	外连接	91
24	子查询	92
25	视图的创建	99
26	修改视图	104
27	删除视图	106
28	索引概述	110
29	创建索引	112
30	使用 ALTER TABLE 语句	114

项目 1

初识数据库

1.1 项目描述

目前数据库的应用已经非常普及,已经涉及各行各业。本项目主要介绍数据库技术基础知识和相关概念,包括信息、数据和数据处理、数据库的基本概念、数据模式结构、概念模型、关系模型等,要求设计完成学生成绩管理系统和图书借阅系统的 E-R 模型,并能转换成相应的关系模式。

1.2 职业能力、素养目标

- 了解数据库和数据库的分类。
- 掌握数据库的概念模型和 E-R 图的设计。
- 掌握数据库关系模型的建立。
- 了解关系模式的范式规范化。
- 鼓励学生理解数据库底层,加强理论学习,为有机会获得心仪岗位做好准备,未来能有机会为行业发展做出更大贡献。

1.3 相关知识

视频

数据库基本概念

1.3.1 数据库概述

数据库技术是信息系统的核心技术之一,产生于 20 世纪 60 年代末,其主要目的是有效地管理和存取大量的数据资源。今天,数据库技术不仅应用于事务处理,还进一步应用到了人工智能、专家系统、计算机辅助设计等领域。数据库的建设规模、数据库信息量的规模及使用频度已成为衡量一个企业、一个组织乃至一个国家信息化程度高低的重要标志。

数据库的应用已经涉及各行各业，所以本章主要针对数据库和数据库技术基础知识及相关概念进行介绍。

1. 基本概念

在系统地学习数据库技术之前，需要先了解数据库技术中涉及的基本概念，主要包括信息、数据、数据库、数据库应用系统、数据库管理系统及数据库系统。

1）信息

信息是现实世界中各种事物（包括有生命的和无生命的、有形的和无形的）的存在方式、运动形态，以及它们之间的相互联系等要素在人脑中的反映，是通过人脑抽象后形成的概念。人们不仅可以认识和理解这些概念，还可以对它们进行推理、加工和传播。信息甚至可为某种目的提供某种决策依据。例如，根据当前的天气进行天气预报。

2）数据

数据是信息的载体，是信息的一种符号化表示。符号是人为规定的，数据通过能书写的符号表示信息。数据的概念包括两方面的含义：一是数据的内容是信息；二是数据的表现形式是符号。数据不仅可以是数值，而且可以是文字、图形、动画、声音、视频等。

（1）数据有"型"和"值"之分

数据的型是指对某一类数据的结构和属性的描述，数据的值是型的一个具体值。

（2）数据有类型和取值范围的约束

数据类型是针对不同的应用场合设计的数据约束。

3）数据库

数据库（Database，DB）是按照一定数据结构来存储和管理数据的计算机软件系统，是用数据库管理系统定义的，是长期存储在计算机内的、可共享的大量数据的集合。概括起来说，数据库具有永久存储、有组织和可共享三个基本特点。

4）数据库应用系统

使用数据库技术管理数据的系统都称为数据库应用系统（Database Application System）。一个数据库应用系统应携带有较大的数据量，否则它就不需要数据库管理。数据库应用系统的应用非常广泛，它可以用于事务管理、计算机辅助设计、计算机图形分析和处理及人工智能等系统中，即所有数据量大、数据成分复杂的地方，都可以使用数据库技术进行数据管理工作。

5）数据库管理系统

数据库管理系统（Database Management System，DBMS）安装于操作系统之上，是一个管理、控制数据库中各种数据库对象的系统软件。数据库管理系统能够为数据库提供数据的定义、建立、维护、查询和统计等操作功能，并完成对数据完整性、安全性进行控制的功能。

数据库管理系统的目标是让用户能够更方便、更有效、更可靠地建立数据库和使用数据库中的信息资源。它是为设计数据管理应用项目提供的计算机软件，利用数据库管理系统设计事务管理系统。常见的数据库管理系统有 Oracle、MySQL、DB2、SQL Sever 等。

6）数据库系统

数据库系统（Database System，DBS）是指带有数据库并利用数据库技术进行数据管理的计算机系统。数据库系统包含了数据库、DBMS、软件平台与硬件支撑环境及各类人员；DBMS 在 OS

的支持下，对数据库进行管理与维护，并提供用户对数据库的操作接口，它是数据库系统的基础和核心。

2. 数据库的分类

数据库经过几十年的发展，出现了多种类型。根据数据的组织结构不同，主要分为网状数据库、层次数据库、关系数据库和非关系数据库四种。目前常见的数据库模型是关系数据库和非关系数据库。

1）层次模型

层次模型以"树结构"表示数据之间的关系。该模型描述数据的组织形式像一颗倒置的树，由节点和连线组成，其中节点表示实体。树有根、枝、叶，都称为节点，根节点只有一个，向下分支，它是一种一对多的关系。图1-1所示为教务管理系统的层次模型。

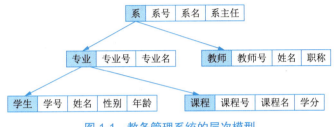

图 1-1　教务管理系统的层次模型

2）网状模型

网状模型描述事物及其联系的数据组织形式像一张网，节点表示数据元素，节点间连线表示数据间联系。节点之间是平等的，无上下层次关系。图1-2所示为网状模型组织的数据示例。

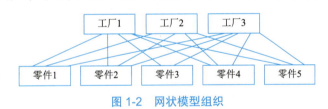

图 1-2　网状模型组织

3）关系模型

关系模型数据库使用的存储结构是多个二维表格，即反映事物及其联系的数据描述是以平面表格形式体现的。图1-3所示为一个简单的关系模型，其中"教师关系结构"和"课程关系结构"为关系模式，"教师关系"和"课程关系"为这两个关系模式的关系。

教师关系结构：

教师编号	姓名	职称	所在学院

课程关系结构：

课程号	课程名	教师编号	上课教室

教师关系：

教师编号	姓名	职称	所在学院
10200801	张理会	教授	法学院
10199801	王芳	副教授	计算机学院
10200902	李焕华	讲师	软件学院

课程关系：

课程号	课程名	教师编号	上课教室
A0-01	软件工程	10199801	X2-201
A0-02	网页设计	10200902	D3-301
B1-01	法学	10200801	X1-401

图 1-3　一个简单的关系模型

关系模型中基本数据结构是二维数据表，记录之间的联系是通过不同关系中同名属性来体现的。关系模型中的各个关系模式不应当是孤立的，也不是随意拼凑的一堆二维表，它必须满足相应的要求：

① 关系表通常是一个由行和列组成的二维表，表说明的是关系模型中某一特定方面或部分对象及其属性。

② 表中的行通常称为记录或元组，代表具有相同属性的对象中的一个。

③ 表中的列通常称为字段或属性，代表存储对象共有的属性。

④ 主键和外键。数据表之间的关联通过"键"实现,键分为主键（Primary Key）和外键（Foreign Key）两种，它们在关系表的连接中起着重要作用。

⑤ 表必须符合某些特定条件，才能成为关系模型的一部分。
- 信息原则：每个单元只能存储一条数据。
- 存储在列下的数据必须具有相同数据类型；列没有顺序；列有唯一的名称。
- 每行数据是唯一的；行没有顺序。
- 实体完整性原则，即主键不能为空。
- 引用完整性原则，即外键不能为空。

4）常见的关系型数据库

虽然非关系型数据库的优点很多，但由于其并不提供 SQL 支持，学习和使用成本较高并且无事务处理，所以本书将重点放在关系数据库上。下面介绍几种常用的关系型数据库管理系统。

（1）Oracle 数据库管理系统

Oracle 是目前比较成功的关系型数据库管理系统，由 Oracle 公司在 1983 年推出。Oracle 数据库在技术上遥遥领先，主要服务于大型企业。

（2）DB2 数据库管理系统

DB2 数据库管理系统可支持多媒体、Web 关系数据库管理系统，可以灵活服务于中小型电子商务解决方案。

（3）SQL Sever 数据库管理系统

SQL Sever 数据库管理系统具有功能全面、效率高，可以作为大中型企业和单位的数据库管理系统，它是由微软公司推出，继承了微软产品的友好界面，具有易学易用的特点。

（4）MySQL

MySQL 是免费软件，它与其他商业数据库一样，具有数据库系统的通用特点，提高了数据的存储、增加、修改、查询、删除和更加复杂的数据操作。MySQL 也是关系型数据库支持结构化查询语言，同时 MySQL 也提供了不同的程序（如 C++、PHP、Java 等）接口。MySQL 具有体积小、速度快、成本相对较低、开源等特点，绝大部分中小型网站（MySQL 和 PHP 的完美结合）选择 MySQL 作为网站数据库。在 MySQL 5.6 版本中，新增了全文搜索，可以通过 InnoDB 存储引擎列表进行索引和搜索基本文本的信息：InnoDB 重写日志文件容量增加至 2 TB。MySQL 4 是稳定的发布系统、目前只有少量用户使用。

随着数据库管理系统的发展，出现了开源的数据库管理系统。开源数据库具有免费使用、配置简单、稳定性好、性能优良等特点，这些特点使它能在中低端占据大量市场。MySQL 是最能代表开源的数据库管理系统，后面提到的 MySQL 均指 MySQL 数据库管理系统。

（5）PostgreSQL 数据库管理系统

PostgreSQL 数据库管理系统是数据库管理系统中唯一支持了事务、子查询、多版本并行控制系统、数据库完整性检查等特性的自由软件。

1.3.2 设计数据库关系模型

数据库设计就是将数据库中的数据对象以及这些数据对象之间的关系进行规划和结构化的过程。数据模型是数据特征的抽象，包括数据的结构部分、数据的操作部分和数据的约束条件。

视 频

设计数据库关系模型

1. 信息的三种世界及转换

将现实世界中的信息转换为数据库中的数据，不可能一步到位，通常分为三个阶段，称为三种世界，即现实世界、信息世界和计算机世界（又称数据世界）。

现实世界（Real World）是指要管理的客观存在的各种事物、事物之间的相互联系及事物的发生、变化过程。

信息世界（Information World）是现实世界在人们头脑中的反映，人们的思维以现实世界为基础，对事物进行认识、选择、命名、分类等抽象工作之后，并用文字符号表示出来，从而得到信息。当事物用信息来描述时，就形成信息世界。信息世界对现实世界的抽象重点在于数据框架性构造——数据结构不拘泥于细节性的描述。

计算机世界（Computer World）又称数据世界（Data World），是将信息世界中的信息经过抽象和组织，按照特定的数据结构（即数据模型），将数据存储在计算机中。在现代计算机系统中，要用到大量的程序和数据，由于内存容量有限，且不能长期保存，故平时总是将数据存储到外存中。

现实世界、信息世界和计算机世界的转换关系如图 1-4 所示。

图 1-4 信息的三种世界之间的转换

从图 1-4 中可以看出，人们首先将现实世界的事物及联系抽象为概念模型，然后将概念模型经过数据化处理转换为数据模型。也就是说，首先将现实世界中客观存在的事物及联系抽象为某一种信息结构，这种结构并不依赖于计算机系统，是人们认识的概念模型，这个过程由数据库设计人员完成；然后再将概念模型转换为计算机上某一具体的 DBMS 支持的数据模型，则成为计算机世界的数据，这个过程由数据库设计人员和数据库设计工具共同完成。

2. 概念模型

1）概念模型的基本概念

概念模型是对信息世界的建模，概念模型应当能够全面、准确地描述出信息世界中的基本概念。在把现实世界抽象为信息世界的过程中，实际上是抽象出现实系统中有应用价值的元素及其关联。这时所形成的信息结构就是概念模型。这种信息结构不依赖于具体的计算机系统。

现实世界中存在的可以相互区分的事物或概念称为实体（Entity）。

实体的特征在人们思想意识中形成的知识称为属性（Attribute）。

码（Key）又称关键字，它能够唯一标识一个实体。码可以是属性或属性组，如果码是属性组，则其中不能含有多余的属性。

属性的取值范围称为属性的域（Domain）。

具有相同属性的实体具有共同的特征和性质，用实体名及其属性名集合来抽象和刻画的同类实体称为实体型（Entity Type）。

相同类型的实体集合称为实体集（Entity Set）。

现实世界的事物之间是有联系（Relation）的，这种联系必然要在信息世界中加以反映。这些联系在信息世界中反映为实体（型）内部的联系和实体（型）之间的联系。实体（型）内部的联系主要表现在组成实体的属性之间的联系。实体（型）之间的联系主要表现在不同实体集之间的联系。

2）概念模型的表示方法

实体（Entity）型：具有相同特征和性质的集合体，用实体名及其属性名来抽象和刻画同类实体；在 E-R 图中用矩形表示，矩形框内写明实体名；比如学生张三、学生李四都是实体。

属性（Attribute）：实体所具有的某一特性，一个实体可由若干个属性来刻画。在 E-R 图中用椭圆形表示，并用无向边将其与相应的实体连接起来；比如学生的姓名、学号、性别、都是属性。

联系（Relationship）：数据对象彼此之间相互连接的方式称为联系，又称关系，在 E-R 图中用菱形表示。

主码（Primary Key）：又称关键字，实体集中的属性或最小属性组合的值能唯一标识其对应实体，则将该属性或属性组合称为码。对于每一个实体集，可指定一个码为主码。

实体（型）、属性、联系的表示方法如图 1-5 所示。

图 1-5　实体（型）、属性、联系的表示方法

以实体图书为例，分别有四个属性：图书 ID、图书名、价格、库存量，其中图书 ID 为主码，如图 1-6 所示。

图 1-6　图书实体

3）实体之间的联系

实体之间的联系有以下三种：

（1）一对一（1:1）联系

【例 1-1】某学院有若干个系，每个系只有一个主任。则主任和系之间是一对一的关系。

主任和系的属性分别如下：

　　主任（编号，姓名，年龄，学历）
　　系（系编号，系名）

主任和系之间是一个管理关系，它们之间是 1:1 联系，如图 1-7 所示。

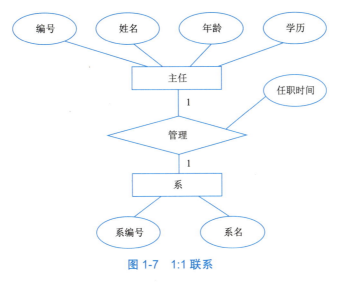

图 1-7　1:1 联系

2）一对多（1:m）联系

【例 1-2】在某仓库管理系统中，有两个实体集：仓库和商品。仓库用来存放商品，且规定一类商品只能存放在一个仓库中，一个仓库可以存放多件商品。

仓库和商品的属性分别如下：

> 仓库（仓库号，地点，面积）
> 商品（商品号，商品名，价格）

在存放联系中要反映出存放商品的数量。仓库与商品之间是 1:m 联系，如图 1-8 所示。

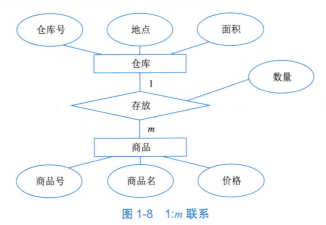

图 1-8　1:m 联系

3）多对多（m:n）联系

假设在某教务管理系统中，一个教师可以讲授多门课，一门课也可以由多个老师讲授。教师和课程可用以下属性来描述：

> 教师（教师号，教师名，职称）
> 课程（课程号，课程名，班级）

在"讲授"联系中应能反映出教师的授课质量。教师与课程之间是 $m:n$ 联系，如图 1-9 所示。

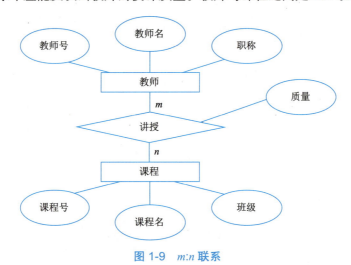

图 1-9　$m:n$ 联系

注意：在一个实体集的实体之间也可以存在一对多或多对多的联系；两个以上的实体集之间也会存在联系，其联系类型一般为一对多或多对多。

1.3.3　数据库关系模型的建立

视频
实体之间的联系

把 E-R 图转换为关系模型可遵循如下原则：

① 对于 E-R 图中每个实体集，都应转换为一个关系，该关系应包括对应实体的全部属性，并根据关系所表达的语义确定哪个属性或哪几个属性组作为"主关键字"，主关键字用来标识实体。

② 对于 E-R 图中的联系，情况比较复杂，要根据实体联系方式的不同，采取不同的手段加以实现。

1. 1:1 联系的 E-R 图转换

① 联系单独对应一关系模式，则由联系属性、参与联系的各实体集的主码属性构成关系模式，其主码可选参与联系的实体集的任一方的主码。

```
BJ（班级编号，院系，专业名，人数）
BZ（学号，姓名）
SY（学号，班级编号）
```

② 联系不单独对应一关系模式，联系的属性及一方的主码加入另一方实体集对应的关系模式中。

```
BJ（班级编号，院系，专业名，人数）
BZ（学号，姓名，班级编号）
```

或者

```
BJ（班级编号，院系，专业名，人数，学号）
BZ（学号，姓名）
```

1：1 联系的 E-R 图如图 1-10 所示。

项目 1　初识数据库

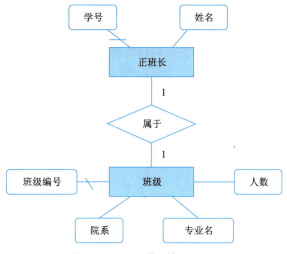

图 1-10　1:1 联系的 E-R 图

2. 1:n 联系的 E-R 图转换

① 联系单独对应一关系模式,则由联系的属性、参与联系的各实体集的主码属性构成关系模式,n 端的主码作为该关系模式的主码。

BJ(班级编号,院系,专业名,人数)
XS(学号,姓名,专业名,性别,出生时间,总学分,备注)
SY(学号,班级编号)

② 联系不单独对应一个关系模式,则将联系的属性及 1 端的主码加入 n 端实体集对应的关系模式中,主码仍为 n 端的主码

BJ(班级编号,院系,专业名,人数)
XS(学号,姓名,专业名,性别,出生时间,总学分,备注,班级编号)

1:n 联系的 E-R 图如图 1-11 所示。

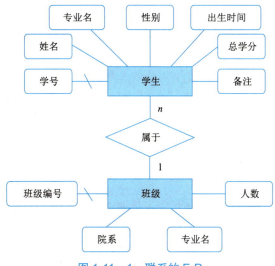

图 1-11　1:n 联系的 E-R

3. m:n 联系的 E-R 图转换

对于 m:n 联系，单独对应一关系模式，该关系模式包括联系的属性、参与联系的各实体集的主码属性，该关系模式的主码由各实体集的主码属性共同组成。

XS（学号，姓名，专业名，性别，出生时间，总学分，备注）
KC（课程号，课程名称，类别，开课学期，学时，学分）
XS_KC（学号，课程号，成绩）

m:n 联系的 E-R 图如图 1-12 所示。

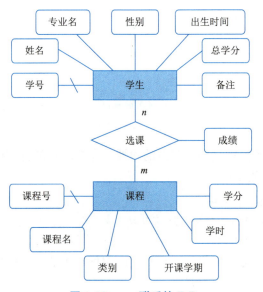

图 1-12　m:n 联系的 E-R

E-R 模型到关系模型的转换总结。

假设 A 实体集与 B 实体集是 1∶1 的联系，联系的转换有三种方法：

① 把 A 实体集的主码加入 B 实体集对应的关系中，如果联系有属性也一并加入。
② 把 B 实体集的主码加入 A 实体集对应的关系中，如果联系有属性也一并加入。
③ 建立第三个关系，关系中包含两个实体集的主码，如果联系有属性也一并加入。

注意：

① 两实体集间 1:n 联系，可将"一方"实体的主码纳入"n 方"实体集对应的关系中作为"外部关键字"，同时把联系的属性也一并纳入"n 方"对应的关系中。

② 对于两实体集间 m:n 联系，必须对"联系"单独建立一个关系，用来联系双方实体集。该关系的属性中至少要包括被它所联系的双方实体集的"主码"，并且如果联系有属性，也要归入这个关系中。

1.3.4　关系模式的规范化

仅有好的 RDBMS 并不足以避免数据冗余，必须在数据库的设计中创建好的表结构。

Dr E.F.codd 最初定义了规范化的三个级别，范式是具有最小冗余的表结构。这些范式是：第一范式（1st NF, First Normal Format）、第二范式（2nd NF, Second Normal Format）、第三范式（3rd

NF，Third Normal Format）。

关系数据库范式理论是在数据库设计过程中将要依据的准则，数据库结构必须要满足这些准则，才能确保数据的准确性和可靠性。这些准则被称为规范化形式，即范式。

1. 第一范式（1st NF）

第一范式的目标是确保每列的原子性。如果每列都是不可再分的最小数据单元（又称最小的原子单元），则满足第一范式（1NF）。

2. 第二范式（2nd NF）

如果一个关系满足 1NF，并且除了主码以外的其他列，都依赖于该主码，则满足第二范式（2NF）。第二范式要求每个表只描述一件事情。

3. 第三范式（3rd NF）

如果一个关系满足 2NF，并且除了主码以外的其他列都不传递依赖于主码列，则满足第三范式（3NF）。

1.4 项目实施

任务 1-1　E-R 图设计实例

视频

E-R图设计实例

网络图书销售系统处理会员图书销售。简化的业务处理过程为：网络销售的图书信息包括图书编号、图书类别、书名、作者、出版社、出版时间、单价、数量、折扣、封面图片等；用户需要购买图书必须先注册为会员，提供身份证号、会员姓名、密码、性别、联系电话、注册时间等信息；系统根据会员的购买订单形成销售信息，包括订单号、身份证号、图书编号、订购册数、订购时间、是否发货、是否收货、是否结清。

1. 确定实体集

网络图书销售系统中有两个实体集：图书和会员。

2. 确定实体集属性及主码

① 实体集会员属性有：身份证号、会员姓名、性别、联系电话、注册时间、密码。

会员实体集中可用身份证号唯一标识各会员，所以主码为身份证号。

② 实体集图书属性有：图书编号、图书类别、书名、作者、出版社、出版时间、单价、数量、折扣、封面图片。

图书实体集中可用图书编号唯一标识图书，所以主码为图书编号。

3. 确定实体集之间的联系

图书销售给会员时图书与会员建立关联，联系"销售"的属性有：订购册数、订购时间、是否发货、是否收货、是否结清。

为了更方便地标识销售记录，可添加订单号作为该联系的主码。

4. 确定联系关系

因为一个会员可以购买多种图书，一种图书可销售给多个会员，所以这是一种多对多（m:n）的联系。

根据以上分析画出的网络图书销售数据库 E-R 图，如图 1-13 所示。

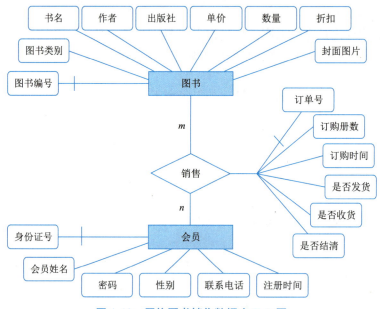

图 1-13 网络图书销售数据库 E-R 图

对于复杂的系统，E-R 图设计通常都应经过以下两个阶段：

① 针对每一用户画出该用户信息的局部 E-R 图，确定该用户视图的实体、属性和联系。需注意的是：能作为属性的就不要作为实体，这有利于 E-R 图的简化。

② 综合局部 E-R 图，生成总体 E-R 图。在综合过程中，同名实体只能出现一次，还要去掉不必要的联系，以便消除冗余。一般来说，从总体 E-R 图必须能导出原来的所有局部视图，包括实体、属性和联系。

关系模式的规范化

任务 1-2　规范化实例

假设某建筑公司要设计一个数据库。公司的业务规则概括说明如下：

公司承担多个工程项目，每一项工程有：工程号、工程名称、施工人员等。

公司有多名职工，每一名职工有：职工号、姓名、性别、职务（工程师、技术员）等。

公司按照工时和小时工资率支付工资，小时工资率由职工的职务决定（如技术员的小时工资率与工程师不同），某公司的项目工时表见表 1-1。

表 1-1　某公司的项目工时表

工程号	工程名称	职工号	姓名	职务	小时工资率	工时
A1	花园大厦	1001	齐光明	工程师	65	13
A1	花园大厦	1002	李思岐	技术员	60	16
A1	花园大厦	1001	齐光明	工程师	65	13
A1	花园大厦	1003	鞠明亮	工人	55	17
A3	临江饭店	1002	李思岐	技术员	60	18
A3	临江饭店	1004	葛宇洪	技术员	60	14

表 1-1 中包含大量的冗余，可能会导致数据异常：

项目 1 初识数据库

1. 更新异常

例如，修改职工号 =1001 的职务，则必须修改所有职工号 =1001 的行。

2. 添加异常

若要增加一个新的职工时，首先必须给这名职工分配一个工程。或者为了添加一名新职工的数据，先给这名职工分配一个虚拟的工程（因为主码不能为空）。

3. 删除异常

例如，1001 号职工要辞职，则必须删除所有职工号 = 1001 的数据行。这样的删除操作，很可能丢失其他有用数据。

采用这种方法设计表的结构，虽然很容易产生工资报表，但是每当一名职工分配一个工程时，都要重复输入大量的数据。这种重复的输入操作，很可能导致数据的不一致性。

一张表描述了多件事情，如图 1-14 所示。

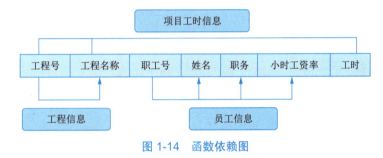

图 1-14 函数依赖图

（1）应用第二范式规范化

图 1-14 应用第二范式规范化后如图 1-15 所示。

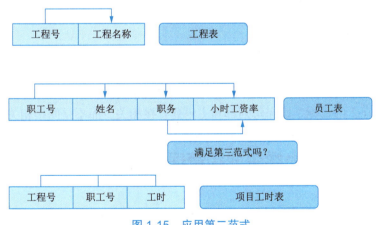

图 1-15 应用第二范式

（2）应用第三范式规范化

图 1-15 应用第三范式规范化后如图 1-16 所示。

为满足某种商业目标，数据库性能比规范化数据库更重要，通过在给定的表中添加额外的字段，以大量减少需要从中搜索信息所需的时间，通过在给定的表中插入计算列（如成绩总分），以方便查询，进行规范化的同时，还需要综合考虑数据库的性能。

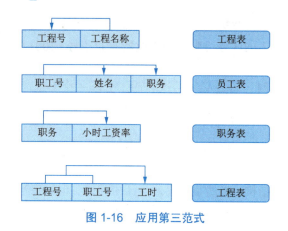

图 1-16　应用第三范式

1.5　小结

通过对数据库的概述与介绍，本项目主要介绍了以下内容：
- 在需求分析阶段，设计数据库的一般步骤为：

收集信息。

标识对象。

标识每个对象的属性。

标识对象之间的关系。
- 在概要设计阶段和详细设计阶段，设计数据库的步骤为：

绘制 E-R 图。

将 E-R 图转换为表格。
- 为了设计结构良好的数据库，需要遵守一些专门的规则，称为数据库的设计范式。

第一范式（1NF）的目标：确保每列的原子性。

第二范式（2NF）的目标：确保表中的每列都和主码相关。

第三范式（3NF）的目标：确保每列都和主码列直接相关，而不是间接相关。

1.6　项目实训 1　为学生成绩管理系统设计一个 E-R 模型

1. 实训目的

① 掌握使用 E-R 模型绘制 E-R 图的方法。

② 将 E-R 模型转换为关系模型。

2. 实训内容

① 绘制 E-R 图，描述学生选课，包括学生（学号，姓名，性别，出生年月）、班级（班级编号，班级名称，所在学院，所属专业，入学年份）和课程（课程编号，课程名称，课程学时，课程学分），学生选修课程后得到平时成绩和期末成绩。

② 将学生成绩管理系统的 E-R 图转换成关系模型。

视频

E-R图转换成关系模式

1.7 练习题

一、选择题

1. 数据库（DataBase，DB）是存储在计算机上的（　　）相关数据集合。
   A. 结构化的　　　　　B. 特定业务　　　　C. 具体文件　　　　D. 其他

2. DBS 的中文含义是（　　）。
   A. 数据库系统　　　B. 数据库管理员　　C. 数据库管理系统　　D. 数据定义语言

3. 数据库管理系统是（　　）。
   A. 操作系统的一部分　　　　　　　　B. 在操作系统支持下的系统软件
   C. 一种编译系统　　　　　　　　　　D. 一种操作系统

4. 数据库、数据库管理系统和数据库系统三者之间的关系是（　　）。
   A. 数据库包括数据库管理系统和数据库系统　B. 数据库系统包括数据库和数据库管理系统
   C. 数据库管理系统包括数据库和数据库系统　D. 不能相互包括

5. 信息的三种世界是指现实世界、信息世界和（　　）世界。
   A. 计算机　　　　　B. 虚拟　　　　　　C. 物理　　　　　　D. 理想

6. 所谓概念模型，就是（　　）。
   A. 客观存在的事物及其相互联系　　　　B. 将信息世界中的信息数据化
   C. 实体模型在计算机中的数据化表示　　D. 现实世界到机器世界的一个中间层次，即信息世界

7. 下列（　　）不能称为实体。
   A. 班级　　　　　　B. 手机　　　　　　C. 图书　　　　　　D. 姓名

8. 绘制 E-R 图的三个基本要素是（　　）。
   A. 实体、属性、关键字　　　　　　　B. 属性、数据类型、实体
   C. 属性、实体、联系　　　　　　　　D. 约束、属性、实体

9. 一间宿舍可住多个学生，则实体宿舍和学生之间的联系是（　　）。
   A. 一对一　　　　　B. 一对多　　　　　C. 多对一　　　　　D. 多对多

10. 数据库中，用来抽象表示现实世界中数据和信息的工具是（　　）。
    A. 数据模型　　　　B. 数据定义语言　　C. 关系范式　　　　D. 数据表

二、简答题

1. 什么是信息？什么是数据？什么是数据处理？
2. 什么是数据库管理系统？什么是数据库？什么是数据库应用系统？什么是数据库系统？
3. 信息有哪三种世界？分别具有什么特点？它们之间有什么联系？
4. 什么是概念模型？
5. 实体的联系有哪三种？
6. 解释概念模型中常用的概念：实体、属性、码、域、实体型、实体集、联系。

1.8 项目实训 1 考评

【为学生成绩管理系统设计一个 E-R 模型】考评记录

姓名		班级		项目评分		
实训地点		学号		完成日期		
	序号	考核内容			标准分	评分
项目实现步骤	1	数据库的概念			15	
	2	E-R 模型的设计			15	
	3	将 E-R 模型转换成关系模型			15	
	4	实体之间的三种联系			15	
	5	三种联系转换成对应的关系表			10	
	6	关系模式的规范化			10	
	7	职业素养			20	
		实训管理:纪律、清洁、安全、整洁、节约等			5	
		团队精神:沟通、协作、互助、自主、积极等			5	
		学习反思:技能表达、反思内容			5	
教师评语						

拓展阅读

数据库由外模式、模式和内模式三级模式构成,它们分别代表了看待数据库的三个不同角度。在三级模式之间还提供了二级映像,即外模式/模式映像和模式/内模式映像,以保证数据的逻辑和物理独立性。数据库系统的三级模式结构如图 1-17 所示。

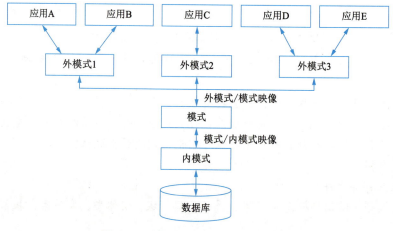

图 1-17 数据库系统的三级模式结构

项目 2

安装与配置数据库环境

2.1 项目描述

MySQL 数据库可以称得上是目前运行速度最快的 SQL 数据库。本次项目通过知识与实例配合，要求能够完成 MySQL 数据库运行环境的配置。

2.2 职业能力、素养目标

- 掌握 MySQL 服务器安装与配置。
- 掌握连接与断开服务器。
- 掌握 MySQL 运行环境测试。
- 要求学生毕业后能满足数据库底层技术研发岗位、中大型数据库应用系统技术研发和管理维护岗位的需求。

2.3 相关知识

2.3.1 MySQL 服务器的安装与配置

MySQL 支持所有的主流操作平台，Oracle 公司为 MySQL 应用于不同的操作平台提供了不同的版本，本项目主要讲解 Windows 平台下 MySQL 的安装与配置过程。

1. MySQL 服务器的下载

MySQL 针对个人用户和商业用户提供不同版本的产品。MySQL 社区版是供个人用户免费下载的开源数据库，而对于商业客户，有标准版、企业版、集成版等多个版本供选择，以满足特殊的商业和技术需求。

视频

MySQL服务器的安装与配置

MySQL 是开源软件，个人用户可以登录其官方网站直接下载相应的版本。登录 MySQL Downloads 页面，将页面滚动到底部，如图 2-1 所示。

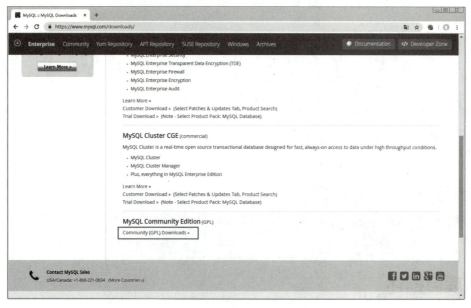

图 2-1　MySQL Downloads 页面

单击 Community（GPL）Downloads 超链接，进入 MySQL Community Downloads 页面，如图 2-2 所示。

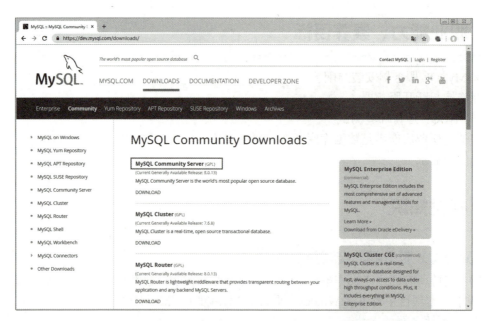

图 2-2　MySQL Community Downloads 页面

单击 MySQL Community Server (GPL) 超链接，进入 Download MySQL Community Server 页面，将页面滚动到图 2-3 所示位置。

项目 2　安装与配置数据库环境

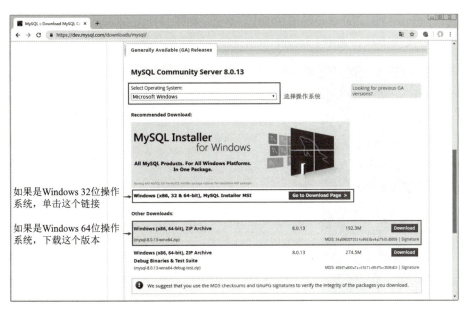

图 2-3　Download MySQL Community Server 页面

根据自己的操作系统选择合适的安装文件，这里以针对 Windows 32 位操作系统的 MySQL 为例进行介绍。

单击 Download 按钮，进入图 2-4 所示的 Begin Your Download 页面。

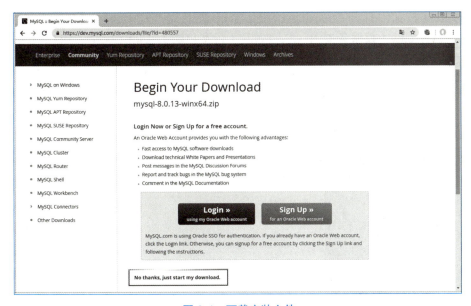

图 2-4　下载安装文件

单击 No thanks, just start my download 超链接，开始下载。

2．MySQL 服务器的安装

下载得到一个名为 mysql-installer-community-8.0.13.0.msi 的安装文件，双击该文件可以进行 MySQL 服务器的安装，具体安装步骤如下：

① 双击打开 mysql-installer-community-8.0.13.0.msi 文件，打开安装向导，打开 License Agreement 对话框，询问是否接受协议，选中 I accept the license terms 复选框，接受协议，如图 2-5 所示。

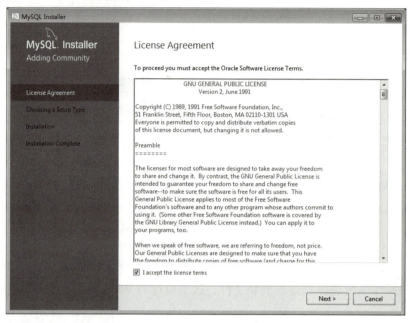

图 2-5　License Agreement 对话框

② 单击 Next 按钮，打开 Choosing a Setup Type 对话框，其中共包括 Developer Default（开发者默认）、Server only（仅服务器）、Client only（仅客户端）、Full（完全）和 Custom（自定义）5 种安装类型，这里选择 Server only，如图 2-6 所示。

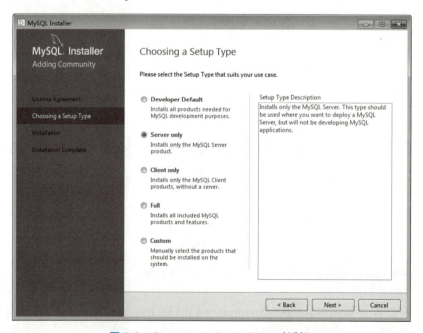

图 2-6　Choosing a Setup Type 对话框

③ 单击 Next 按钮，打开图 2-7 所示的 Installation 对话框。

图 2-7　Installation 对话框

④ 单击 Execute 按钮，将开始安装，并显示安装进度。安装完成后，将显示图 2-8 所示的对话框。

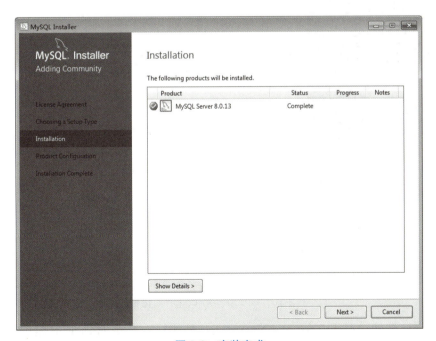

图 2-8　安装完成

⑤ 单击 Next 按钮，打开 Product Configuration 对话框，如图 2-9 所示。

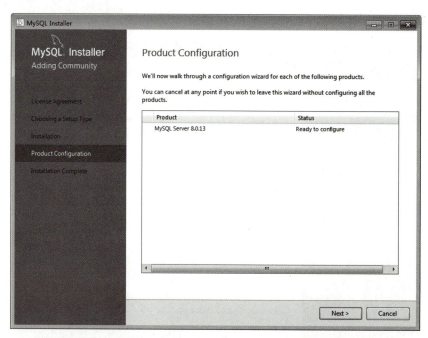

图 2-9　Product Configuration 对话框

⑥ 单击 Next 按钮，打开 Group Replication 对话框，如图 2-10 所示。

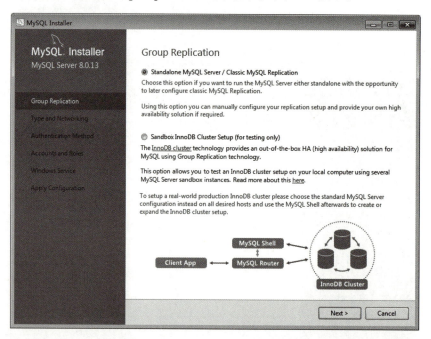

图 2-10　Group Replication 对话框

⑦ 单击 Next 按钮，打开 Type and Networking 对话框，在该对话框中提供了 Development Computer（开发者类型）、Server Computer（服务器类型）和 Dedicated Computer（致力于 MySQL 服务类型）等几种类型，这里选择默认的 Development Computer，如图 2-11 所示。

项目 2　安装与配置数据库环境

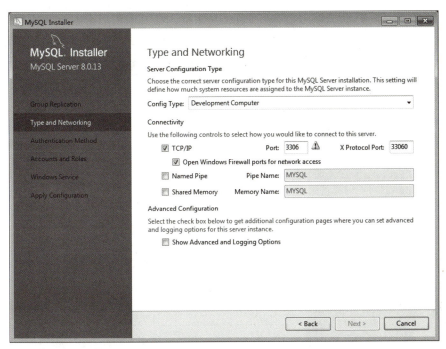

图 2-11　Type and Networking 对话框

MySQL 使用的默认端口是 3306，在安装时，可以修改为其他端口（如 3307）。但是一般情况下，不要修改默认端口号，除非 3306 端口已经被占用。

⑧ 单击 Next 按钮，打开 Authentication Method 对话框，如图 2-12 所示。

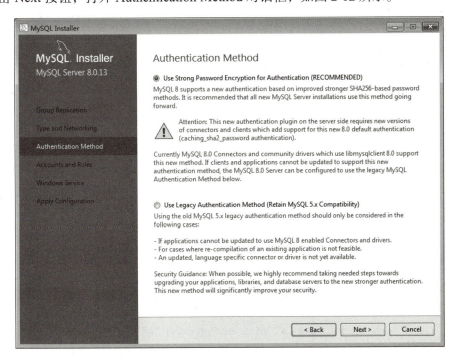

图 2-12　Authentication Method 对话框

⑨ 单击 Next 按钮，打开 Accounts and Roles 对话框，在其中可以设置 root 用户的登录密码，也可以添加新用户，这里只设置 root 用户的登录密码为 123456，其他采用默认值，如图 2-13 所示。

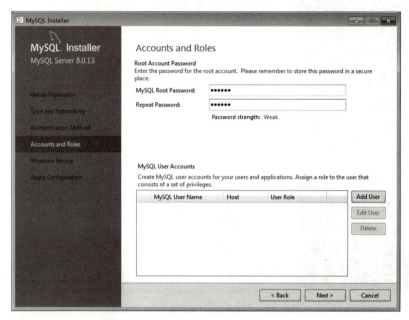

图 2-13　Accounts and Roles 对话框

⑩ 单击 Next 按钮，打开 Windows Service 对话框，开始配置 MySQL 服务器，这里采用默认设置，如图 2-14 所示。

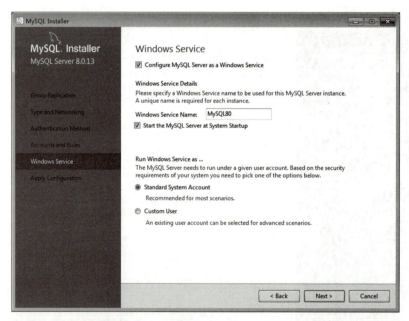

图 2-14　Windows Service 对话框

⑪ 单击 Next 按钮，进入 Apply Configuration 对话框，如图 2-15 所示。

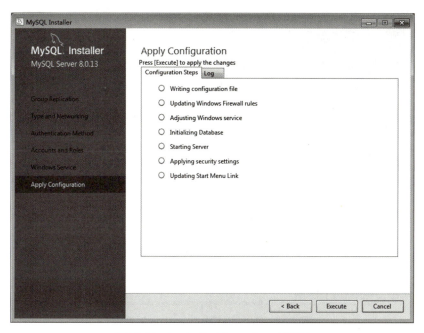

图 2-15　Apply Configuration 对话框

⑫ 单击 Execute 按钮，开始应用配置，并显示完成进度。全部完成后，显示图 2-16 所示的对话框。

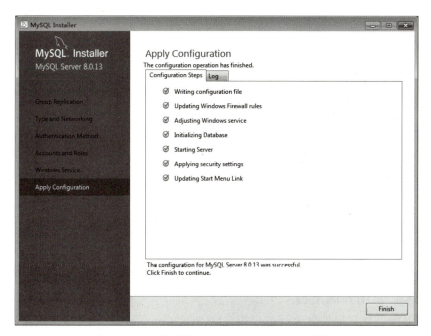

图 2-16　完成时的 Apply Configuration 对话框

⑬ 单击 Finish 按钮，打开 Product Configuration 对话框，如图 2-17 所示。
⑭ 单击 Next 按钮，显示图 2-18 所示的安装完成界面。单击 Finish 按钮，完成 MySQL 的安装。

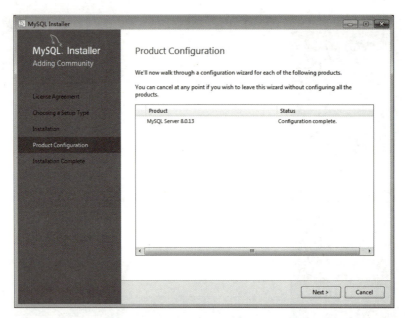

图 2-17　Product Configuration 对话框

图 2-18　安装完成对话框

2.3.2　MySQL 常用界面工具

MySQL 数据库系统只提供命令行客户端（MySQL Command Line Client）管理工具用于数据库的管理与维护。如果日常的开发和维护均在类似 DOS 窗口中进行，对于编程初学者来说，上手就略微有点困难，增加了学习成本。

第三方提供的管理维护工具非常多，大部分都是图形化管理工具，图形化管理工具通过软件对数据库的数据进行操作，在操作时采用菜单方式进行，不需要熟练记忆操作命令。一般使用

项目 2　安装与配置数据库环境

MySQL 图形管理工具来连接 MySQL，然后在图形化界面上操作 MySQL，下面介绍几个经常使用的 MySQL 图形化管理工具。

1. MySQL Workbench

MySQL Workbench 是一款由 MySQL 开发的跨平台、可视化数据库工具，在一个开发环境中集成了 SQL 的开发、管理、数据库设计、创建以及维护功能。这款软件可以在 MySQL 服务器安装完之后用 MySQL Installer 安装。

打开 MySQL Installer，如图 2-19 所示。

图 2-19　打开 MySQL Installer

单击 Add 按钮，打开 Select Products and Features 对话框，如图 2-20 所示。

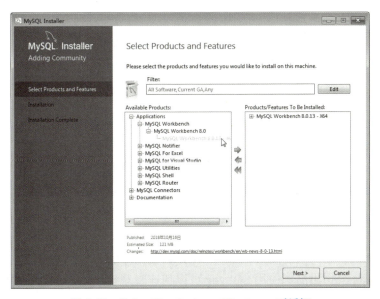

图 2-20　Select Products and Features 对话框

在 Available Products 列表框中选择 MySQL Workbench 8.0，单击 Next 按钮，进入 Installation 对话框，如图 2-21 所示。

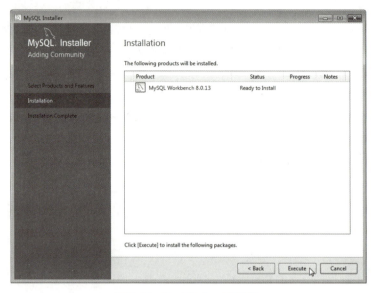

图 2-21　Installation 对话框

单击 Execute 按钮，开始安装。

安装完成后，即可使用，MySQL Workbench 工作界面如图 2-22 所示。

图 2-22　MySQL Workbench 工作界面

2．SQLyog

SQLyog 是一个快速而简洁的图形化管理 MySQL 数据库的工具，它能够在任何地点有效地管理数据库，由 Webyog 公司出品。使用 SQLyog 可以快速直观地让用户从世界的任何角落通过网络维护远端的 MySQL 数据库。

项目 2 安装与配置数据库环境

3. DataGrip

DataGrip 是 JetBrains 公司出品的。DataGrip 是一款数据库管理客户端工具，方便连接到数据库服务器，执行 SQL、创建表、创建索引以及导出数据等。

4. Navicat for MySQL

Navicat for MySQL 是一款桌面版 MySQL 数据库管理和开发工具，与 SQL Server 的管理器很像，易学易用，很受用户欢迎。Navicat for MySQL 为 MySQL 量身定做，它可以与 MySQL 数据库服务器一起工作，使用了极好的图形用户界面（GUI），并且支持 MySQL 大多数最新的功能，包括 Trigger、Stored Procedure、Function、Event、View 和 Manage User 等。它可以用一种安全和更为容易的方式快速、容易地创建、组织、存取和共享信息，支持中文，有免费版本提供，但是仅适用于非商业活动。

本书以 Navicat for MySQL 为例介绍 MySQL 数据库管理工具的使用方法。Navicat for MySQL 图形化管理工具的界面如图 2-23 所示。

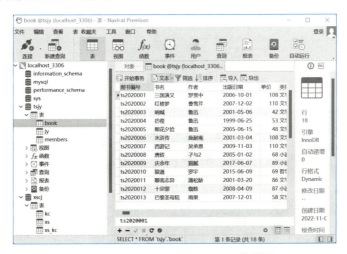

图 2-23 Navicat for MySQL 工作界面

2.4 项目实施

任务 连接与断开服务器

1. 启动、停止 MySQL 服务器

选择"开始"菜单→"控制面板"→"管理工具"→"服务"命令，打开 Window 服务管理器。在服务管理器的列表中找到 MySQL 服务并右击，在弹出的快捷菜单中完成 MySQL 服务的各种操作（如启动、重新启动、停止、暂停和恢复等），如图 2-24 所示。

2. 连接与断开服务器

（1）使用数据库管理员 root 身份登录数据库服务器

选择"开始"菜单→"MySQL"→"MySQL 8.0 Command Line Client"命令，输入正确的 root 用户密码，若出现 mysql> 提示符，如图 2-25 所示，则表示正确登录了 MySQL 服务器。

视 频

MySQL 常用界面工具连接与断开服务器

29

MySQL 数据库技术应用教程

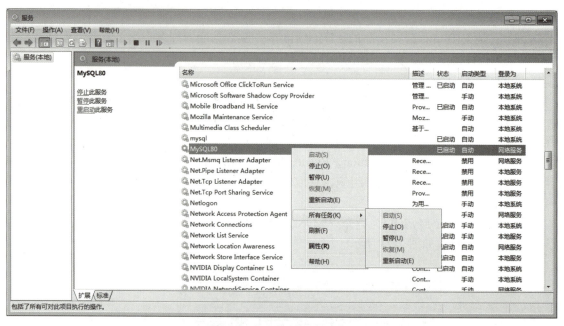

图 2-24 启动、停止 MySQL 服务器

图 2-25 MySQL 数据库 Command Line Client 窗口

（2）断开服务器

成功地连接服务器后，在 mysql> 提示符后输入 quit（或 \q），即

```
mysql> quit
```

按【Enter】键，MySQL Command Line Client 窗口关闭。

2.5 小结

通过对数据库及数据表的创建，本项目主要介绍了以下内容：
- MySQL 服务器的安装与配置。

项目 2　安装与配置数据库环境

- MySQL 常用界面工具有 Navicat、SQLyog、MySQL Workbench、DataGrip。
- 连接与断开服务器。

2.6　项目实训 2　MySQL 服务器的安装与配置

1. 实训目的

① 掌握 MySQL 服务器的安装与配置方法。
② 掌握 Navicat 的安装与配置方法。
③ 连接与断开服务器。

2. 实训内容

① MySQL 服务器的安装与配置。
② Navicat 的安装与配置。

2.7　练习题

一、选择题

1. MySQL 是一种（　　）数据库管理系统。
   A. 层次型　　　　　　B. 网络型　　　　　　C. 关系型　　　　　　D. 对象型
2. MySQL 数据库服务器的默认端口号是（　　）。
   A. 80　　　　　　　　B. 8080　　　　　　　C. 3306　　　　　　　D. 1433
3. 控制台中执行（　　）语句时可以退出 MySQL。
   A. exit　　　　　　　B. go 或 quit　　　　　C. go 或 exit　　　　 D. exit 或 quit
4. 下列关于 MySQL 数据库的说法错误的是（　　）。
   A. MySQL 数据库不仅开放源码，而且能够跨平台使用。例如，可以在 Windows 操作系统中安装 MySQL 数据库，也可以在 Linux 操作系统中使用 MySQL 数据库
   B. MySQL 数据库启动服务时有两种方式，如果服务已经启动可以在任务管理器中查找 mysqlld.exe 程序，如果该进程存在则表示正在运行
   C. 手动更改 MySQL 的配置文件 my.ini 时，只能更改与客户端有关的配置，而不能更改与服务器端相关的配置信息
   D. 登录 MySQL 数据库后，输入"help;"语句，按【Enter】键可以查看帮助信息

二、练习题

1. 从 MySQL 官网下载 MySQL 的最新版本，然后安装该版本。
2. 通过系统服务管理器启动或停止 MySQL 服务。
3. 通过 MySQL 的命令行客户端程序登录到 MySQL 服务器，最后退出 MySQL。
4. 设置环境变量，把安装 MySQL 的路径添加到环境变量中。
5. 使用客户端程序 mysql.exe 登录到 MySQL 服务器。

6. 下载、安装和配置 Navicat 客户端程序。

2.8 项目实训 2 考评

【MySQL 服务器的安装与配置】考评记录

	姓名		班级		项目评分	
	实训地点		学号		完成日期	
	序号	考核内容			标准分	评分
项目实施步骤	1	MySQL 服务器的安装			15	
	2	MySQL 服务器的配置			10	
	3	Navicat 的安装			15	
	4	Navicat 的配置			10	
	5	界面方式启动、停止 MySQL 服务器			15	
	6	使用数据库管理员 root 身份登录、断开数据库服务器			15	
	7	职业素养			20	
		实训管理：纪律、清洁、安全、整洁、节约等			5	
		团队精神：沟通、协作、互助、自主、积极等			5	
		学习反思：技能表达、反思内容			5	
教师评语						

拓展阅读

存储引擎是数据库管理系统用来从数据库创建、读取和更新数据的软件模块。MySQL 中有两种类型的存储引擎：事务型和非事务型。对于 MySQL 5.5 及更高版本，默认的存储引擎是 InnoDB。在 5.5 版本之前，MySQL 的默认存储引擎是 MyISAM。

下面介绍三种常用的存储引擎：

1. InnoDB

InnoDB 是 MySQL 5.5 或更高版本的默认存储引擎。它提供了事务安全（ACID 兼容）表，支持外键引用完整性约束。它支持提交、回滚和紧急恢复功能来保护数据。它还支持行级锁定。当在多用户环境中使用时，它的"一致非锁定读取"提高了性能。它将数据存储在集群索引中，从而减少了基于主键查询的 I/O。

2. MyISAM

MyISAM 存储引擎管理非事务性表，提供高速存储和检索，支持全文搜索。

3. MEMORY

MEMORY 是 MySQL 中一类特殊的存储引擎。它使用存储在内存中的内容创建表，而且数据全部放在内存中。这些特性与前面的两个很不同。

每个基于 MEMORY 存储引擎的表实际对应一个磁盘文件。该文件的文件名与表名相同，类型为 frm 类型。该文件中只存储表的结构。而其数据文件，都是存储在内存中，这样有利于数据的快速处理，提高整个表的效率。值得注意的是，服务器需要有足够的内存来维持 MEMORY 存储引擎的表的使用。如果不需要了，可以释放内存，甚至删除不需要的表。

项目 3

创建与管理数据库表

3.1 项目描述

数据库的软件及运行环境安装并搭建好后,接下来的工作任务是怎样把数据库的逻辑结构在 MySQL 数据库管理系统的支持下,利用 Navicat 和 SQL 语句创建并维护数据库和表。本项目将完成图书借阅系统数据库及相关数据表的创建,要求采用 Navicat 和 SQL 语句两种操作方式。

要求在"图书借阅系统(tsjy)"中完成三个表的创建,分别是图书表(book)、借阅信息表(jy)和会员表(members),结构如图 3-1 所示,并且对表数据具有相关的完整性约束。

图 3-1　图书借阅系统

3.2 职业能力、素养目标

- 了解 MySQL 的字符集和校对规则。
- 掌握创建数据库和数据表的操作。
- 掌握管理数据库和数据表的操作。
- 掌握管数据表的数据完整性约束。
- 建立大国工匠数据库,致敬大国工匠,涵养工匠精神。

3.3 相关知识

3.3.1 MySQL 的字符集和校对规则

1. 字符集

字符集就是字符和编码的集合和规则，英文字符集是 ASCII，常用的中文字符集是 gbk，多种字符在一个字符集里常用 utf8。

MySQL 内部支持多种字符集，MySQL 中不同层次有不同的字符集编码格式，主要有 4 个层次：服务器、数据库、表和列。

视频

MySQL字符集和校对规则

1）查看 MySQL 支持的字符集

查看 MySQL 数据库服务器支持的字符集，使用语句：

```
SHOW CHARACTER SET;
```

执行结果如图 3-2 所示。

图 3-2　字符集列表

2）查看 MySQL 当前字符集

查看 MySQL 当前安装的字符集，使用如下语句：

```
SHOW VARIABLES LIKE 'character_set%';
```

3）查看数据库的字符集

查看指定数据库的字符集，使用如下语句：

```
SHOW CREATE DATABASE 数据库名;
```

例如，查看 world 数据库的字符集，使用如下语句：

```
SHOW CREATE DATABASE world;
```

4）查看表的字符集

查看指定表的字符集，使用如下语句：

```
SHOW CREATE TABLE 数据库名.表名;
```

5）查看表中所有列的字符集

查看指定表中所有列的字符集，使用如下语句：

```
SHOW FULL COLUMNS FROM 数据库名.表名;
```

例如，查看 city 表中所有列的字符集，使用如下语句：

```
SHOW FULL COLUMNS FROM world.city;
```

2. 校对规则

校对规则（Collation）又称排序规则，是指在同一个字符集内字符之间的比较规则。字符集和校对规则是一对多的关系，每个字符集都有一个默认的校对规则。字符集和校对规则相辅相成，相互依赖关联。简单来说，字符集用来定义 MySQL 存储字符串的方式，校对规则用来定义 MySQL 比较字符串的方式。

有些数据库并没有清晰地区分字符集和校对规则。例如，在 SQL Server 中创建数据库时，选择字符集就相当于选定了字符集和校对规则。

而在 MySQL 中，字符集和校对规则是区分开的，必须设置字符集和校对规则。一般情况下，没有特殊需求，只设置其一即可。只设置字符集时，MySQL 会将校对规则设置为字符集中对应的默认校对规则。

查看相关字符集的校对规则使用如下语句：

```
SHOW COLLATION LIKE '字符集名%';
```

例如，查看 gbk 字符集的校对规则，使用如下语句：

```
SHOW COLLATION LIKE 'gbk%';
```

执行结果如图 3-3 所示。

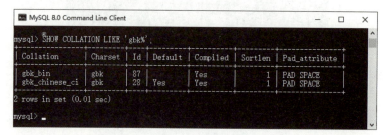

图 3-3　查看 gbk 字符集的校对规则

3. MySQL 数据库分类

MySQL 数据库分为系统数据库和用户数据库两大类。

1）系统数据库

系统数据库是指安装完 MySQL 服务器后，会附带的一些数据库。MySQL 自带的四个数据库分别为 mysql、information_schema、performance_schema、sys，用于存储 MySQL 服务器、数据库和系统性能等信息。

在 MySQL Command Line Client 程序中输入"SHOW DATABASES;"命令，执行结果如图 3-4 所示。

图 3-4 "SHOW DATABASES"命令执行结果

（1）mysql

mysql 数据库是 MySQL 的核心数据库，存储 MySQL 服务器运行时所需信息，包括数据库的用户、权限设置等控制管理信息。

类似于 SQL Server 中的 master 表。

（2）information_schema

information_schema 数据库存储 MySQL 服务器中所有数据库的元数据（元数据是关于数据的数据，如数据库名称、表名称、列的数据类型或访问权限等。有时用于表述该信息的其他术语包括"数据词典"和"系统目录"）。

information_schema 数据库中的表均为视图。

（3）performance_schema

performance_schema 数据库在较低级别的运行过程中检查 MySQL 服务器内部运行状态，监视并收集 MySQL 服务器时间，用于收集 MySQL 服务器的性能参数。

（4）sys

sys 数据库中的数据用于调优和诊断 MySQL 实例，是对 performance_schema 数据库收集的数据的优化处理结果。sys 数据库中的对象包括重新组织过的 performance_schema 数据库数据的视图，用于执行 performance_schema 数据库配置和生成诊断报告等操作的存储过程，查询 performance_schema 数据库配置并提供格式化服务和存储函数。

在 Navicat for MySQL 客户端程序的"导航窗格"中可看到图 3-5 所示默认安装的几个系统数据库。

2）用户数据库

用户数据库是用户根据实际应用需求创建的数据库，如学生管理数据库、图书借阅数据库、财务管理数据库等。MySQL 可以包含一个或多个用户数据库，如图 3-6 所示。

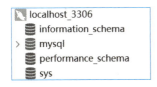

图 3-5 默认安装的系统数据库

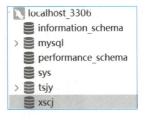

图 3-6 系统和用户数据库

3.3.2 数据库的创建与管理

数据库可以看成是一个存储数据对象的容器，这些数据对象包括表、视图、触发器、存储过程等，其中，表是最基本的数据对象，用以存放数据库的数据。

在数据库服务器中可以存储多个数据库文件，所以建立数据库时要设定数据库的文件名，每个数据库有唯一的数据库文件名作为与其他数据库区别的标识。

MySQL 安装后，系统自动创建 information_scema 和 mysql 数据库，MySQL 把有关数据库的信息存储在这两个数据库中。如果删除了这些数据库，MySQL 就不能正常工作。

创建数据库是在系统外存上划分一块区域用于数据的存储和管理。

1. 命令行方式创建数据库

在 MySQL 中，创建数据库是通过 SQL 语句 CREATE DATABASE 或 SCHEMA 语句来实现的，其语法格式如下：

```
CREATE {DATABASE | SCHEMA} [IF NOT EXISTS] 数据库名
[ [DEFAULT] CHARACTER SET 字符集名
| [DEFAULT] COLLATE 校对规则名]
```

语法说明如下。

① 语句中"[ ]"内为可选项。

② { | } 表示二选一。在 SQL 创建数据库命令 create database 中，如果省略语句"[ ]"中的所有可选项，其结构形式如下：

```
CREATE DATABASE 数据库名;
```

数据库名表示被创建数据库名，数据库名必须符合以下规则：

① 数据库名必须唯一。

② 名称内不能含有"/"及"."等非法字符。

③ 最大不能超过 64 个字符。

【例 3-1】创建一个名为 TSJY 的数据库。

```
CREATE DATABASE TSJY;
```

执行结果如图 3-7 所示。

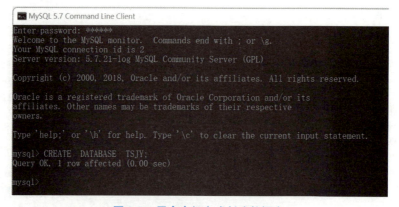

图 3-7 用命令行方式创建数据库

项目 3 创建与管理数据库表

注意：在 MySQL 中，每一条 SQL 语句都以"；"作为结束标志。如果在服务器中已存在 TSJY 数据库的情况下，再创建一个名为 TSJY 的数据库，会出现错误。因为 MySQL 不允许两个数据库使用相同的名字，如图 3-8 所示。

使用 IF NOT EXISTS 子句可以不显示错误信息，例如：

```
CREATE  DATABASE IF NOT EXISTS TSJY;
```

执行结果如图 3-9 所示。

图 3-8 显示警告   图 3-9 不显示警告

显示服务器中已建立的数据库，使用 SHOW DATABASES 命令。语法格式如下：

```
SHOW DATABASES
```

【例 3-2】查看当前服务器下的所有数据库列表。

```
SHOW DATABASES;
```

执行结果如图 3-10 所示。

因为 MySQL 服务器中有多个数据库，也可以使用 USE 命令指定当前数据库。语法格式如下：

```
USE 数据库名
```

【例 3-3】将数据库 TSJY 设置为当前数据库。

```
USE TSJY;
```

执行结果如图 3-11 所示。

图 3-10 用 SQL 语句查看数据库列表   图 3-11 选择数据库

说明：这个语句也可以用来从一个数据库"跳转"到另一个数据库，在用 CREATE DATABASE 语句创建了数据库之后，该数据库不会自动成为当前数据库，需要用 USE 语句来指定。

3.3.3 管理数据库

1. 修改数据库

使用 ALTER DATABASE 或 SCHEMA 语句可以修改数据库的默认字符集和字符集的校对规

则，其语法格式如下：

```
ALTER { DATABASE | SCHEMA} [ db_name ]
[ DEFAULT ] CHARACTER SET [ = ] charset_name
[ [ DEFAULT ] COLLATE [ = ] collation_name ];
```

说明：ALTER DATABASE 语句用于修改数据库的全局特性，执行本语句必须具有对数据库修改的权限；数据库名可以省略，表示修改当前数据库，修改字符集非常危险要慎用。

【例3-4】修改 TSJY 数据库的字符集为 gbk。具体 SQL 语句如下：

```
ALTER DATABASE TSJY
CHARACTER SET gbk;
```

数据库创建后，如果需要修改数据库的参数，可以使用 ALTER DATABASE 命令。语法格式如下：

```
ALTER {DATABASE | SCHEMA} [数据库名]
            [[DEFAULT] CHARACTER SET 字符集名
            | [DEFAULT] COLLATE 校对规则名]
```

【例3-5】修改数据库 TSJY 的默认字符集为 latin1，校对规则为 latin1_swedish_ci。

```
ALTER DATABASE TSJY
DEFAULT CHARACTER SET latin1
DEFAULT COLLATE  latin1_swedish_ci;
```

2. 删除数据库

删除数据库是将已创建的数据库文件从磁盘空间清除。在删除数据库时，会删除数据库中的所有对象，因此，删除数据库时需要慎重考虑。其语法格式如下：

```
DROP DATABASE | SCHEMA [ IF EXISTS ] db_name;
```

【例3-6】删除数据库 TSJY。具体 SQL 语句如下：

```
DROP DATABASE TSJY;
```

执行结果如图 3-12 所示。

```
mysql> DROP DATABASE TSJY;
Query OK, 0 rows affected (0.00 sec)
```

图 3-12　删除数据库 TSJY

3.3.4　创建与管理数据库表

视频

数据表的创建与管理

1. 数据类型

MySQL 支持多种数据类型，主要有数值类型、字符串类型、日期和时间类型等。

1）数值类型

数值类型主要用来存储数字，MySQL 提供了多种数值数据类型，不同的数据类型提供不同的取值范围，可以存储的值范围越大，其所需要的存储空间也会越大。

MySQL 支持所有标准 SQL 数值数据类型，这些类型包括：

严格数值数据类型：INTEGER 或 INT、SMALLINT、DECIMAL 或 DEC、NUMERIC。

近似数值数据类型：FLOAT、REAL、PRECISION。

MySQL 支持在该类型关键字后面的括号内指定整数值的显示宽度（如 INT(4)）。对于浮点列类型，在 MySQL 中单精度值使用 4 字节，双精度值使用 8 字节。

MySQL 允许使用 FLOAT(M,D) 或 REAL(M,D) 或 DOUBLE PRECISION(M,D) 格式。"(M,D)"表示该值一共显示 M 位整数，其中 D 位位于小数点后面。例如，FLOAT(7,4) 的一个列可以显示为 -999.9999。MySQL 保存值时进行四舍五入，因此如果在 FLOAT(7,4) 列内插入 999.00009，近似结果为 999.0001。

2）字符串类型

字符串类型的数据主要是由字母、汉字、数字符号、特殊符号构成的数据对象。按照字符个数多少可分为以下两类：

（1）CHAR：列的长度固定为创建表时声明的长度。长度可以为 0 ～ 255 的任何值。当保存 CHAR 值时，在其右边填充空格以达到指定的长度。

例如，在学生情况表中，如果设定 name char(8)，表示 name 是 8 个字符长度的字符串，可以做赋值引用，即 name=' 张三 '，这里 name 的值包括 8 个字符，其中 2 个汉字（按照 4 个字符处理）和 4 个空格。name 右侧会有若干个空格占位。这样浪费了磁盘的存储空间。

（2）VARCHAR：列中的值为可变长字符串。长度可以指定为 0 ～ 65 535 的任何值。（VARCHAR 的最大有效长度由最大行大小和使用的字符集确定。整体最大长度是 65 532 字节）。同 CHAR 对比，VARCHAR 值保存时只保存需要的字符数。

例如，在学生情况表中，如果设定 name varchar(8)，可以做赋值引用，即 name=' 张三 '，这里姓名的值包括 5 个字符，其中 2 个汉字（按照 4 个字符处理）和 1 个空格。name 右侧只有一个空格占位。

3）BLOB 和 TEXT 类型

BLOB：二进制大对象，是一个可以存储二进制文件的容器。在数据库中，BLOB 常常用来存储声音、视频、图像等数据。

例如，图书数据处理中的图书封面、会员照片可以设定为 BLOB 类型。

TEXT：非二进制字符串（字符字符串）。TEXT 列有一个字符集，并且根据字符集的校对规则对值进行排序和比较。在实际应用中如个人履历、奖惩情况、职业说明、内容简介等设定为 TEXT 数据类型。例如，图书数据处理中的内容简介可以设定为 TEXT 类型。

BLOB 和 TEXT 列不能有默认值。

BLOB 或 TEXT 对象的大小由其类型确定，但在客户端和服务器之间实际可以传递的最大值由可用内存数量和通信缓存区大小确定。用户可以通过更改 max_allowed_packet 变量的值更改消息缓存区的大小，但必须同时修改服务器和客户端程序。

4）日期和时间类型

date：表示日期，输入数据的格式为 yyyy-mm-dd。支持的范围是 '1000-01-01' 到 '9999-12-31'。

time：表示时间，输入数据的格式为 hh:mm:ss。TIME 值的范围可以从 '-838:59:59' 到 '838:59:59'。小时部分如此大的原因是 TIME 类型不仅可以用于表示一天的时间（必须小于 24 小时），还可能为某个事件过去的时间或两个事件之间的时间间隔（可以大于 24 小时，或者为负）。

datetime：表示日期时间，格式为 yyyy-mm-dd hh:mm:ss。支持的范围为 '1000-01-01 00:00:00' 到 '9999-12-31 23:59:59'。

例如，在图书销售信息管理中注册时间、订购时间可以设定为 datetime 类型。

2. 创建数据表

数据表是由多列、多行组成的表格，数据表包括表结构部分和记录部分，是相关数据的集合。

表 3-1 图书表一列称为一个字段，每一列有一个与其他列不重复的名称称为字段名，字段名可以根据设计者的需要来命名。数据表中的一列由一组字段值组成，若某个字段的值出现重复，该字段称为普通字段，若某个字段的值不允许重复，该字段称为索引字段。

表 3-1 图书表

图书编号	书名	作者	出版日期	单价	类别	库存
ts2020001	三国演义	罗贯中	2006-10-01	108	文学类	50
ts2020002	红楼梦	曹雪芹	2007-12-02	110	文学类	40
ts2020003	呐喊	鲁迅	2001-05-06	42	文学类	45
ts2020004	彷徨	鲁迅	1999-06-25	53	文学类	40
ts2020005	朝花夕拾	鲁迅	2005-06-15	48	文学类	45
ts2020006	水浒传	施耐庵	2001-03-04	108	文学类	45
ts2020007	西游记	吴承恩	2009-11-03	110	文学类	50

表 3-2 是图书表的结构分析表，设计了该表的表头，每一列的值类型、长度等。

表 3-2 图书表结构

列名	类型	长度	说明
图书编号	char	9	关键字（主键）
书名	varchar	20	
作者	varchar	10	
出版日期	date	0	
单价	float	(5,2)	带 2 位小数的 5 位数
类别	varchar	20	
库存	int	5	

数据表属于数据库，在创建数据表之前，应该使用语句 "USE <数据库名>" 指定在哪个数据库中进行操作，如果没有选择数据库，会提示 "No database selected" 错误。

为数据库创建数据表，可以使用 SQL 命令 CREATE TABLE 完成。此语句的完整语法相当复杂，因为存在很多可选子句，创建表使用 CREATE TABLE 命令，语法格式如下：

```
CREATE TABLE [IF NOT EXISTS] 表名
    (列名  数据类型  [NOT NULL | NULL] [DEFAULT 列默认值]…)
     ENGINE = 存储引擎
```

CREATE TABLE 命令的基本格式：

```
CREATE TABLE tbl_name
( 列名1  数据类型 1 [NOT NULL | NULL] ,
  列名2  数据类型 2 [NOT NULL | NULL] ,
  …)
```

【例 3-7】执行 SQL 语句 CREATE TABLE，在数据库 TSJY 中创建名为 book 的表。

具体 SQL 语句如下：

```
USE  TSJY;
```

首先执行 USE 语句，选择当前数据库。然后执行下面的命令。

```
CREATE TABLE  book (
  图书编号          char(9)          NOT NULL    PRIMARY KEY,
  图书名称          varchar(20)      NULL,
  作者              varchar(10)      NULL,
  出版日期          date             NULL,
  单价              float(5,2)       NULL,
  类别              varchar(20)      NULL,
  库存              int(5)           NULL
);
```

通过上述步骤，可以在数据库 TSJY 中成功创建 book 表对象。

3.3.5　管理数据库表

在例 3-7 中，PRIMARY KEY 表示将图书编号定义为主键，取值不能为空。执行上面的 SQL 语句，创建的表结构如图 3-13 所示。

名	类型	长度	小数点	不是 null	虚拟	键	注释
图书编号	char	9	0	☑	☐	🔑1	
图书名称	varchar	20	0	☐	☐		
作者	varchar	10	0	☐	☐		
出版日期	date	0	0	☐	☐		
单价	float	5	2	☐	☐		
类别	varchar	20	0	☐	☐		
库存	int	5	0	☐	☐		

图 3-13　book 表结构

1）查看表结构

（1）显示数据表文件名

语法格式：

```
SHOW TABLES
```

【例 3-8】显示 TSJY 数据库建立的数据表文件：

```
USE TSJY;
SHOW TABLES;
```

（2）显示数据表结构

语法格式：

```
{DESCRIBE | DESC} 表名 [列名 | 通配符 ]
```

DESC 是 DESCRIBE 的简写，二者用法相同。

【例 3-9】用 DESCRIBE 语句查看 book 表的列的信息。

```
USE TSJY;
DESCRIBE book;
```

【例 3-10】查看 book 表图书编号列的信息。

```
USE TSJY;
DESC book 图书编号;
```

（3）查看表详细定义

创建完表，如果需要查看表结构的详细定义，可以通过执行 SQL 语句 SHOW CREATE TABLE 实现，其语法格式如下：

```
SHOW CREATE TABLE table_name;
```

【例 3-11】执行 SQL 语句 SHOW CREATE TABLE，查看 TSJY 数据库中 book 表的详细信息。

```
USE TSJY;
SHOW CREATE TABLE book;
```

注意：在显示表详细定义信息时，可以使用";""\g""\G"符号结束。为了让结果显示得更加美观，便于用户查看，最好使用"\G"符号结束。

2）修改表

ALTER TABLE 用于更改原有表的结构。例如，可以增加或删除列、创建或取消索引、更改原有列的类型、重新命名列或表、更改表的评注和表的类型。

语法格式：

```
ALTER TABLE 表名
  ADD [COLUMN] 列定义 [FIRST | AFTER列名]         /*添加列*/
  ALTER[COLUMN] 列名 {SETDEFAULT 默认值|DROP DEFAULT}  /*修改默认值*/
  | CHANGE [COLUMN] 旧列名 列定义 [FIRST|AFTER列名]   /*对列重命名*/
  | MODIFY [COLUMN] 列定义 [FIRST | AFTER 列名]       /*修改列类型*/
  | DROP [COLUMN] 列名                              /*删除列*/
  | RENAME [TO] 新表名                              /*重命名该表*/
```

【例 3-12】假设已经在数据库 TSJY 中创建了表 book，表中存在"类别"列。在表 book 中增加"是否在馆"列并将表中的"类别"列删除。

```
ALTER TABLE  book  ADD 是否在馆 tinyint  NULL
DROP COLUMN 类别;
```

【例 3-13】假设数据库 TSJY 中已经存在 table1 表，将 table1 表重命名为 book1。

```
ALTER TABLE table1 RENAME TO book1;
```

修改表名除了上面的 ALTER TABLE 命令，还可以直接用 RENAME TABLE 语句更改表的名字。
语法格式：

```
RENAME TABLE 旧表名1  TO 新表名1  [ , 旧表名2  TO 新表名2] …
```

项目 3　创建与管理数据库表

【例 3-14】假设数据库 TSJY 中已经存在 table2 表和 table3 表，将 table2 表重命名为 orders、table3 表重命名为 orderlist。

```
RENAME TABLE table2 TO orders, Table3 TO orderlist;
```

3）复制表

语法格式：

```
CREATE TABLE [IF NOT EXISTS] 新表名
    [ LIKE 参照表名 ]
    | [AS (select语句)]
```

使用 LIKE 关键字创建一个与 old_table_name 表相同结构的新表，列名、数据类型、空指定和索引也将复制，但是表的内容不会复制，因此创建的新表是一个空表。

使用 AS 关键字可以复制表的内容，但索引和完整性约束是不会复制的。

【例 3-15】假设数据库 TSJY 中有一个表 book，创建 book 表的一个名为 book_copy1 的副本。

```
CREATE TABLE book_copy1 LIKE book;
```

【例 3-16】创建表 book 表的一个名为 book_copy2 的副本，并且复制其内容。

```
CREATE TABLE  book_copy2
   AS
   SELECT  *  FROM  book);
```

4）删除表

删除一个表时使用 DROP TABLE 语句。

语法格式：

```
DROP  TABLE [IF EXISTS] 表名1 [,表名2 ] …
```

该命令将表的描述、表的完整性约束、索引及和表相关的权限等全部删除。

【例 3-17】删除表 book_copy1。

```
USE TSJY;
DROP  TABLE   book_copy1;
```

3.3.6　操作表的数据完整性约束

为了防止数据表中插入错误的数据，MySQL 定义了一些维护数据库完整性的规则，即表的约束，约束用来确保数据的准确性和一致性。数据的完整性就是对数据的准确性和一致性的一种保证。在 MySQL 中，常见数据的完整性分为以下 3 类：

① 实体完整性：是指关系的主属性不能取空值，即主键和候选键在关系中所对应的属性都不能取空值。主要通过主键约束和候选键约束实现。

② 参照完整性：按外键与主键之间的引用规则，即外键的取值或者为空，或者等于被参照中的某个主键的值。

③ 用户定义的完整性：根据不同的应用环境，设置特殊性约束条件，它反映某一具体应用所涉及的数据应满足语义要求。

操作表的数据完整性约束

1. 主键约束（PRIMARY KEY Constraint）

主键是表中某一列和某些列所构成的一个组合。其中多个列组合的主键又称复合主键，主键必须唯一，且构成主键的每一列值不能为空值，规则如下：

① 每一个表只能定义一个主键。
② 主键的值又称键值，必须能够唯一标识表中的每一行记录，且不能为 NULL。
③ 复合主键不能包含不必要的多余列。
④ 一个列名在复合主键的列表中只能出现一次。

可以用两种方式定义主键：作为列或表的完整性约束。作为列的完整性约束时，只需在定义列时加上关键字 PRIMARY KEY。作为表的完整性约束时，需要在语句最后加上 PRIMARY KEY(col_name，…) 语句。

列级完整性约束。语法规则为：

```
列名 数据类型 [其他约束] PRIMARY KEY
```

说明：通过定义 PRIMARY KEY 约束创建主键，而且 PRIMARY KEY 约束中的列不能取空值。由于 PRIMARY KEY 约束能确保数据唯一，所以经常用来定义标志列。当为表定义 PRIMARY KEY 约束时，MySQL 为主键列创建唯一性索引，实现数据的唯一性，在查询中使用主键时，该索引可用来对数据进行快速访问。如果 PRIMARY KEY 约束是由多列组合定义的，则某一列的值可以重复，但 PRIMARY KEY 约束定义中所有列的组合值必须唯一。

【例 3-18】创建表 book_copy，将书名定义为主键。

```
CREATE TABLE book_copy
(
    图书编号        varchar(6)      NULL,
    书名            varchar(20)     NOT NULL    PRIMARY KEY,
    出版日期        date
);
```

当表中的主键为复合主键时，只能定义为表的完整性约束。

【例 3-19】创建 course 表记录每门课程的学生学号、姓名、课程号、学分和毕业日期。其中学号、课程号和毕业日期构成复合主键。

```
CREATE TABLE course
(
    学号            varchar(6)      NOT NULL,
    姓名            varchar(8)      NOT NULL,
    毕业日期        date            NOT NULL,
    课程号          varchar(3),
    学分            tinyint,
    PRIMARY  KEY (学号，课程号，毕业日期)
);
```

注意：MySQL 自动为主键创建一个索引。通常，索引名为 PRIMARY，可以重新给该索引命名。

【例 3-20】创建例 3-19 中的 course 表，把主键创建的索引命名为 INDEX_course。

```
CREATE TABLE course
```

项目 3 创建与管理数据库表

```
(
    学号           varchar(6)    NOT NULL,
    姓名           varchar(8)    NOT NULL,
    毕业日期       datetime      NOT NULL,
    课程号         varchar(3),
    学分           tinyint,
    PRIMARY KEY   INDEX_course(学号, 课程号, 毕业日期)
);
```

2. 替代键约束（UNIQUE）

在关系模型中，替代键和主键一样，是表的一列或一组列，它们的值在任何时候都是唯一的。替代键是没有被选做主键的候选键。定义替代键的关键字是 UNIQUE。

【例 3-21】在表 book_copy1 中将图书编号作为主键，书名列定义为一个替代键。

```
CREATE TABLE book_copy1
(
    图书编号       varchar(20)   NOT NULL primary key,
    书名           varchar(20)   NOT NULL UNIQUE,
    出版日期       date          NULL unique,
);
```

使用 ALTER TABLE 语句修改表，其中包括向表中添加约束。

语法格式如下：

```
ALTER TABLE 表名
    ADD PRIMARY KEY (列名,…)          /*添加主键*/
    | ADD UNIQUE [索引名] (列名,…)    /*添加替代键约束*/
    | DROP PRIMARY KEY                /*删除主键*/
    | DROP INDEX 索引名               /*删除索引*/
```

【例 3-22】假设 book 表中主键未设定，为 book 表建立以图书编号为主键的约束，以书名为唯一性约束。

```
ALTER TABLE book
ADD PRIMARY KEY(图书编号),
ADD UNIQUE u_idx (书名) ;
```

这个例子中，既包括主键约束,也包括唯一性约束,说明 MySQL 可以同时创建多个约束。注意，使用 PRIMARY KEY 的列，必须是一个具有 NOT NULL 属性的列。

如果想要查看表中创建的约束的情况，可以使用 SHOW INDEX FROM tbl_name 语句，例如：

```
SHOW INDEX FROM book;
```

【例 3-23】删除 book 表上的主键和替代键约束。

```
ALTER TABLE book
DROP PRIMARY KEY,
DROP INDEX u_idx ;
```

在 MySQL 中替代键和主键的区别主要有以下几点：

47

① 一个数据表只能创建一个主键。但一个表可以有若干个 UNIQUE 键，并且它们甚至可以重合，例如，在 C1 和 C2 列上定义了一个替代键，并且在 C2 和 C3 上定义了另一个替代键，这两个替代键在 C2 列上重合了，而 MySQL 允许这样。

② 主键字段的值不允许为 NULL，而 UNIQUE 字段的值可取 NULL，但是必须使用 NULL 或 NOT NULL 声明。

③ 一般创建 PRIMARY KEY 约束时，系统会自动产生 PRIMARY KEY 索引。创建 UNIQUE 约束时，系统自动产生 UNIQUE 索引。

3. 参照完整性约束（Referential Integrity）

在本书所举例的 TSJY 数据库中，有很多规则和表之间的关系有关。例如，只有图书目录表中有的图书才可以借阅，因此，JY 表中的所有图书（由图书编号标识）必须是 Book 表中的图书，也就是说存储在 JY 表中的所有图书编号必须存在于 Book 表的图书编号列中。同样 JY 表中的所有会员编号也必须出现在 Members 表的会员编号列中。这种类型的关系就是参照完整性约束。参照完整性约束是一种特殊的完整性约束，实现为一个外键。所以 JY 表中的图书编号列和会员编号列都可以定义为一个外键。可以在创建表或修改表时定义一个外键声明。

外键是表中的一列或多列，它不是本表的主键，却是对应另外一个表的主键。

在列级完整性上定义外键约束的子句语法规则如下：

```
列名 数据类型 [其他约束] REFERENCES 被参照关系的表B(表B主键列的列表)
            [ON DELETE {CASCADE | RESTRICT | SET NULL | NO ACTION}]
            [ON UPDATE {CASCADE | RESTRICT | SET NULL | NO ACTION }]
```

在表级完整性上定义外键约束的子句语法规则如下：

```
FOREIGN KEY(表A外键列的列表) REFERENCES 被参照关系的表B(表B的主键列的列表)
            [ON DELETE {CASCADE | RESTRICT | SET NULL | NO ACTION}]
            [ON UPDATE {CASCADE | RESTRICT | SET NULL | NO ACTION }]
```

注意：外键目前只可以用在那些使用 InnoDB 存储引擎创建的表中，对于其他类型的表，MySQL 服务器能够解析 CREATE TABLE 语句中的 FOREIGN KEY 语法，但不能使用或保存它。

更改表的存储引擎为 InnoDB，语法如下：

```
Alter table 表名 ENGINE = InnoDB
```

① 创建表的同时创建外键，语法格式如下：

```
CREATE TABLE 表名(列名，…) | [外键定义]
```

② 对已有表创建外键，语法格式如下：

```
ALTER TABLE 表名  ADD [外键定义]
```

[外键定义] 语法格式：

```
FOREIGN KEY (列名)
      REFERENCES 表名 [(列名 [(长度)] [ASC | DESC],…)]
          [ON DELETE   {RESTRICT | CASCADE | SET NULL | NO ACTION}]
          [ON UPDATE   {RESTRICT | CASCADE | SET NULL | NO ACTION}]
```

项目 3　创建与管理数据库表

RESTRICT：当要删除或更新父表中被参照列上在外键中出现的值时，拒绝对父表的删除或更新操作。例如，当要删除 xs 表中 081102 记录时，因为 cj 表中还有 081102 记录，拒绝对 xs 表的删除操作。

CASCADE：从父表删除或更新行时自动删除或更新子表中匹配的行。如从 xs 表更新 2017030594 学号为 2017030800 时自动更新 cj 表中学号 2017030594 为 2017030800。

SET NULL：当从父表删除或更新行时，设置子表中与之对应的外键列为 NULL。当从 xs 表删除 2017030596 行时，设置 xs_kc 表中 2017030596 项为 NULL。

NO ACTION：NO ACTION 意味着不采取动作，就是如果有一个相关的外键值在被参考的表中，删除或更新父表中主要键值的企图不被允许，和 RESTRICT 一样。

SET DEFAULT：作用和 SET NULL 一样，只不过 SET DEFAULT 是指定子表中的外键列为默认值。

如果没有指定动作，两个参照动作就会默认地使用 RESTRICT。

【例 3-24】创建 book_ref 表，所有 book_ref 表中图书编号都必须出现在 book 表中，假设已经使用图书编号列作为 book 表的主键。

```
CREATE TABLE book_ref
(
    图书编号         varchar(20)        NULL,
    书名             varchar(20)        NOT NULL,
    出版日期         date               NULL,
    PRIMARY KEY (书名),
    FOREIGN KEY (图书编号)
        REFERENCES book (图书编号)
            ON DELETE RESTRICT
            ON UPDATE RESTRICT
) ENGINE=INNODB;
```

【例 3-25】创建带有参照动作 CASCADE 的 book_ref1 表。

```
CREATE TABLE book_ref1
(
    图书编号 varchar(20)    NULL,
    书名     varchar(20)    NOT NULL,
    出版日期 date           NULL,
    PRIMARY KEY (书名),
    FOREIGN KEY (图书编号)
        REFERENCES book (图书编号)
            ON  UPDATE   CASCADE
)ENGINE=INNODB;
```

这个参照动作的作用是在主表更新时，子表产生联锁更新动作，又称"级联"操作。就是说，如果 book 表中有一个图书编号为"ts2020006"的值修改为"ts2020066"，则 book_ref1 表中的图书编号列上为"ts2020006"的值也相应地改为"ts2020066"。

【例 3-26】在图书借阅系统中，只有会员才能借阅。因此 JY 表中的所有会员编号也必须出现在 Members 表的会员编号列中。定义参照完整性约束来实现这种约束。

```
ALTER TABLE JY
```

```
        ADD FOREIGN KEY (会员编号)
        REFERENCES members (会员编号)
            ON DELETE CASCADE
                ON UPDATE CASCADE;
```

按外键与主键之间的引用规则，即外键的取值或者为空，或者等于被参照中的某个主键的值。定义外键时，需要注意规则：

① 被参照表必须已经使用 create table 语句创建，或者必须是当前正在创建表，若为后者则为自参照完整性，即参照表与被参照表是同一个表。

② 必须为被参照表定义主键或候选键。

③ 必须在被参照表的后面指定列名和列名组合，且必须为被参照表的主键或候选键。

④ 可以允许外键为空值。

⑤ 外键对应列的数目必须和被参照表主键对应数目一致。

⑥ 外键对应列的数据类型和被参照表主键对应数据类型相同。

4. CHECK 完整性约束

主键、替代键、外键都是常见的完整性约束的例子。但是，每个数据库都还有一些专用的完整性约束。例如，KC 表中星期数为 1～7，XS 表中出生日期必须大于 1986 年 1 月 1 日。这样的规则可以使用 CHECK 完整性约束指定。

CHECK 完整性约束在创建表时定义。可以定义为列完整性约束，也可以定义为表完整性约束。语法格式为：

```
CHECK(expr)
```

说明：expr 是一个表达式，指定需要检查的条件，在更新表数据的时候，MySQL 会检查更新后的数据行是否满足 CHECK 的条件。然而，遗憾的是，在目前的 MySQL 版本中，CHECK 完整性约束还没有被强化，上面例子中定义的 CHECK 约束会被 MySQL 分析，但会被忽略，也就是说，这里的 CHECK 约束暂时只是一个注释，不会起任何作用。相信在未来的版本中它能得到扩展。

【例 3-27】创建 student 表，只考虑学号和性别两列，性别只能包含男或女。

```
CREATE  TABLE  student
(
    学号 char(6) NOT NULL,
    性别 char(2) NOT NULL CHECK(性别 IN ('男', '女'))
);
```

这里 CHECK 完整性约束指定了性别允许哪个值，由于 CHECK 包含在列自身的定义中，所以 CHECK 完整性约束被定义为列完整性约束。

【例 3-28】创建 student1 表，只考虑学号、出生日期、总学分，出生日期必须大于 1980 年 1 月 1 日。

```
CREATE   TABLE   student1
(
    学号        char(6)      NOT NULL,
    出生日期     date         NOT NULL,
    学分        int          null,
    check(出生日期>'1980-01-01')
);
```

【例3-29】修改book表,单价必须大于或等于0,折扣在0.1～1之间。

```
alter table book
    add check(单价>0),
    add check(库存>=50 and 库存<=50);
```

【例3-30】查看表的相关信息。

```
show create table 表名
```

该命令可以查看表的所有信息,包括一些字段类型、字段的约束、外键、主键、索引、字符编码等。

如果使用DROP TABLE语句删除一个表,所有完整性约束都自动被删除了。被参照表的所有外键也都被删除了,使用ALTER TABLE语句,完整性可以独立地被删除,而不用去删除表本身。删除的语法和删除索引的语法一样。

【例3-31】删除表book的主键。

```
ALTER TABLE book DROP PRIMARY KEY;
alter table jy  drop FOREIGN KEY jy_ibfk_1;
```

3.4 项目实施

任务3-1 使用Navicat界面在数据库管理系统中创建TSJY数据库

① 在Navicat for MySQL的导航窗格中,双击MySQL服务器的名称,展开MySQL服务器中的数据列表。

② 在导航窗格中右击MySQL服务器名称,在弹出的快捷菜单中选择"新建数据库"命令,如图3-14所示。

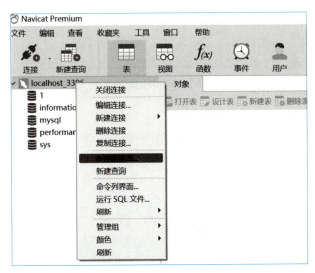

图3-14 新建数据库

③ 在"新建数据库"对话框中选择"常规"选项卡,分别输入"数据库名""字符集""排序规则",

如图 3-15 所示。

图 3-15 "常规"选项卡

④ 单击"确定"按钮,导航窗格中将显示刚才创建的数据库名,如图 3-16 所示。

图 3-16 打开的数据库

任务 3-2 使用 Navicat 界面创建数据表

在"图书借阅系统(tsjy)"中,继续使用图形界面,在 Navicat Premium 12 下创建借阅表(JY)和会员表(members),表结构见表 3-3 和表 3-4。

视频

使用图形界面创建管理数据表

表 3-3 借阅表

列 名	类 型	长 度	说 明
图书编号	char	9	关键字(主键)
会员编号	char	0	关键字(主键)
入库日期	date	0	
借出日期	date	0	
归还日期	date	0	

表 3-4 会员表

列 名	类 型	长 度	说 明
会员编号	char	8	关键字（主键）
身份证号	char	18	
会员姓名	varchar	20	
联系电话	char	11	
注册时间	date	0	

Navicat Premium 12 工具交互式创建借阅表的操作步骤如下：

① 启用 Navicat Premium 12，双击连接名"localhost_3306"建立连接，在连接面板中双击"tsjy"数据库，右击其下的"表"节点，在弹出的快捷菜单中选择"新建表"命令，如图 3-17 所示，打开"新建表"面板。

图 3-17 新建表

② 在打开的"新建表"面板中，在选项卡的"名"列下输入表中各字段列的名称，在"类型"列下拉列表框中选择字段列对应的数据类型，在"长度"列下输入字段的长度，在"小数点"列指定小数的位数，在"不是 null"列下勾选复选框以确定该列中的数据是否允许为空值，如图 3-18 所示。

图 3-18 输入记录

③ 依次定义表中列，定义完毕后可为表指定主键。选择表的某一列（复合主键按顺序依次操作），右击，在弹出的快捷菜单中选择"主键"命令，如图 3-19 所示。也可以使用工具栏中的主键工具 来设置。

④ 表的所有列定义完毕后可在表的属性面板中定义表的名称和所有者，也可单击工具栏中的"保存"按钮，在弹出的"表名"对话框中输入表名称"jy"后单击"确定"按钮进行保存，如图 3-20 所示。

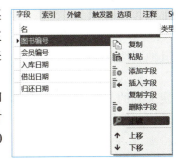

图 3-19 设置主键

依次按照上面介绍的方法建立"members"表，"jy"和"members"的表结构定义如图 3-21 和图 3-22 所示。

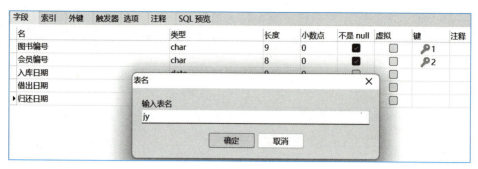

图 3-20　保存表

名	类型	长度	小数点	不是 null	虚拟	键	注释
图书编号	char	9	0	☑	☐	1	
会员编号	char	8	0	☑	☐	2	
入库日期	date	0	0	☐	☐		
借出日期	date	0	0	☐	☐		
归还日期	date	0	0	☐	☐		

图 3-21　jy 表结构

名	类型	长度	小数点	不是 null	虚拟	键	注释
会员编号	char	8	0	☑	☐	1	
身份证号	char	18	0	☐	☐		
会员姓名	varchar	20	0	☐	☐		
联系电话	char	11	0	☐	☐		
注册时间	date	0	0	☐	☐		

图 3-22　members 表结构

任务 3-3　修改数据表

已经建立的用户表，如果发现不符合要求可以进行修改。例如，某列的类型不合适、列的长度需要增大或缩小，需要增加列或修改列的约束等。

在 Navicat Premium 12 工具中修改用户表结构的操作步骤如下：

① 启用“Navicat Premium 12”，双击连接名“localhost_3306”建立连接，在连接面板中双击“tsjy”数据库，右击其下需要修改结构的表名，如“book”，在弹出的快捷菜单中选择“设计表”命令，如图 3-23 所示。

② 在随后打开的“book”表设计页面中，可对表中各列的列名、数据类型、是否允许为空和其他属性进行修改，如图 3-24 所示。

③ 如果想在表中插入新的列，可在“book”表设计页面中单击 添加字段 按钮，然后输入列名，定义列的类型、相关属性和列是否设置为空等内容；如果想删除某列，在选中的列上单击 删除字段 按钮，然后在弹出的“确认删除”对话框中单击“删除”按钮即可，如图 3-25 所示。

④ 全部修改完成后，单击设计页面中的 保存 按钮，完成表结构的修改。

注意：修改表的结构很简单，但一般应在向表中输入数据前修改表的结构，否则会影响现有数据的存储或违反相应约束规定而导致现有数据的损坏。

项目 3　创建与管理数据库表

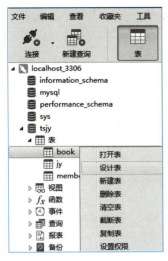

图 3-23　选择"设计表"命令　　　　　　　图 3-24　设计"book"表命令

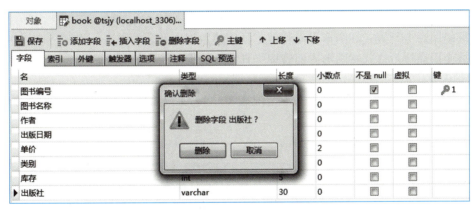

图 3-25　"确认删除"对话框

任务 3-4　删除数据表

如果数据库中有不需要的数据表，可以将其删除，以便释放其所占有的空间。但是所删除的表是不能再恢复的，所以一定要小心确认。

在"Navicat Premium 12"工具中修改用户表结构的操作步骤如下：

假设已经在"tsjy"库中创建了一个"book_copy"表，想从数据库中删除它。

① 启用"Navicat Premium 12"，双击连接名"localhost_3306"建立连接，在连接面板中双击"tsjy"数据库，右击其下表名"book_copy"，在弹出的快捷菜单中选择"删除表"命令，如图 3-26 所示。

② 如果表建立有外码，则必须首先删除外码，然后才能删除表。对于已删除的用户表，在"Navicat

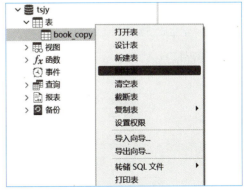

图 3-26　删除表

55

Premium 12"工具中不再存在。另外,需注意:不能删除当前正在使用的表,也不要试图删除系统表。

3.5 小结

通过对数据库及数据表的创建,本项目主要介绍了以下内容:
- MySQL 支持的多种数据类型:数值类型、字符串类型、日期和时间类型等。
- 数据库的基本操作:创建、查看、修改、删除数据库。
- 数据表的基本操作:创建、查看、复制、修改、删除表。
- 使用图形界面管理数据表:创建、修改、删除表。
- 数据完整性约束:实体完整性、参照完整性、用户定义的完整性。

3.6 项目实训 3 创建学生成绩数据库表

1. 实训目的

① 掌握使用命令行方式和图形界面管理工具创建数据库及表的方法。
② 掌握使用命令行方式和图形界面管理工具修改数据库及表的方法。

2. 实训内容

学生成绩管理系统 xscj 包含学生基本情况表(xs)、课程信息表(kc)和成绩表(xs_kc)。学生成绩管理系统的结构如图 3-27 所示。

学生基本情况表(xs),如图 3-28 所示。

名	类型	长度	小数点	不是 null	
学号	char	10	0	☑	🔑1
姓名	varchar	10	0	☑	
性别	char	2	0	☐	
籍贯	char	10	0	☐	
出生日期	date	0	0	☐	
寝室号	char	3	0	☐	
备注	varchar	20	0	☐	
联系方式	char	11	0	☐	

图 3-27 学生成绩管理系统的结构   图 3-28 学生基本情况表

课程信息表(kc),如图 3-29 所示。

名	类型	长度	小数点	不是 null	
课程编号	char	8	0	☑	🔑1
课程名称	varchar	20	0	☑	
学分	int	5	0	☐	
学时	int	5	0	☐	

图 3-29 课程信息表

成绩表(xs_kc),如图 3-30 所示。

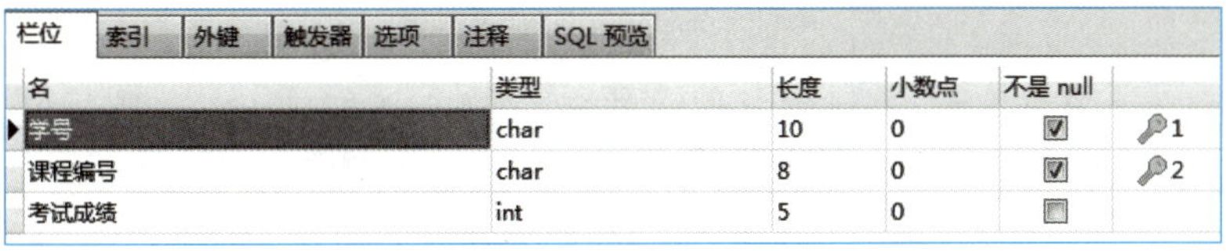

图 3-30　成绩表

用 MySQL 图形界面管理工具操作：
① 使用"Navicat Premium 12"图形界面连接 MySQL 服务器。
② 创建学生成绩管理系统数据库 xscj。
③ 在数据库 xscj 中创建课程表（kc）。
④ 在数据库 xscj 中创建成绩表（xs_kc）。
⑤ 写出完成以下操作的 SQL 命令：

- 在数据库 xscj 中创建学生基本情况表（xs）。
- 在 xs 表中增加"奖学金等级"列并将表中的"姓名"列删除。
- 将 xs 表重命名为 student。
- 创建 kc 表的一个名为 kc_copy1 的副本。
- 创建 xs_kc 的一个名为 cj_copy2 的副本，并复制其内容。
- 删除表 kc_copy1。
- 显示 xscj 数据库建立的数据表文件。
- 用 DESC 语句查看 xs 表的列信息。
- 查看 xs 表"学号"列的信息。

3.7　练习题

学生管理数据库 studentinfo 有 4 个基本表，按表的结构创建表。
① 系表 Department，Department 表的结构见表 3-5。

表 3-5　Department 表的结构

字段名称（列名）	数据类型	约　束	说　明
DepartmentID	CHAR(2)	主键	系编号，2 位数字编号。例如，11 哲学学院，21 物理学院，31 化工学院，51 计算机学院
DepartmentName	VARCHAR(30)	NOT NULL	系名称
Telephone	CHAR(13)		系电话

② 班级表 Class，Class 表的结构见表 3-6。

表 3-6　Class 表的结构

列　名	数据类型	约　束	说　明
ClassID	CHAR(10)	主键	班级编号，10 位数字编号 =4 位该班入学的年份 +2 位系编号 +2 位专业编号 +2 位顺序号。例如，2022111301 表示 2022 年入学，11 哲学学院，13 专业，第 01 班

续表

列名	数据类型	约束	说明
ClassName	VARCHAR(20)	NOT NULL	班级名称
ClassNum	INT		班级人数
Grade	INT		年级
DepartmentID	CHAR(4)	外键，NOT NULL	系编号

③ 课程表 Course，Course 表的结构见表 3-7。

表 3-7　Course 表的结构

字段名称（列名）	数据类型	约束	说明
CourseID	CHAR(6)	主键	课程编号，6 位数字编号 =2 位系编号 +2 位专业编号 +2 位顺序号。例如，512304 表示 51 系，23 专业，第 04 号
CourseName	VARCHAR(30)	NOT NULL	课程名称
Credit	SMALLINT	Credit >=1 AND Credit <=6	学分
CourseHour	SMALLINT		课时数
PreCourseID	CHAR(6)		先修课程编号，自参照
Term	TINYINT		开课学期，1 位数字

④ 学生表 Student，Student 表的结构见表 3-8。

表 3-8　Student 表的结构

字段名称（列名）	数据类型	约束	说明
StudentID	CHAR(12)	主键	学号，12 位数字编号 = 班级编号 +2 位顺序号。例如，202211130103 表示 2022 年入学，11 系，13 专业，01 班，第 03 号
StudentName	VARCHAR(20)		姓名
Sex	ENUM('男','女')	默认值为'男'	性别
Birthday	DATE		出生日期
Telephone	CHAR(13)		电话
Address	VARCHAR(30)		家庭地址
ClassID	CHAR(10)	外键	班级编号

⑤ 选课表 SelectCourse，SelectCourse 表的结构见表 3-9。

表 3-9　SelectCourse 表的结构

字段名称（列名）	数据类型	约束	说明
StudentID	CHAR(12)	主键、外键	学号
CourseID	CHAR(6)	主键、外键	课程编号
Score	DECIMAL(4,1)	Score >=0 AND Score <=100	成绩
SelectCourseDate	DATE		选课日期

3.8 项目实训 3 考评

【创建学生成绩数据库表】考评记录

姓名		班级		项目评分	
实训地点		学号		完成日期	
	序号	考核内容		标准分	评分
项目实施步骤	1	命令行方式和图形界面管理工具创建数据表		15	
	2	命令行方式和图形界面管理工具创建数据库		15	
	3	用命令行方式和图形界面管理工具修改数据表		15	
	4	用命令行方式和图形界面管理工具修改数据库		15	
	5	完成数据完整性约束,包括实体完整性、参照完整性、用户定义的完整性		15	
	6	查看表列的信息		5	
	7	职业素养		20	
		实训管理:纪律、清洁、安全、整洁、节约等		5	
		团队精神:沟通、协作、互助、自主、积极等		5	
		学习反思:技能表达、反思内容		5	
教师评语					

拓展阅读

数据库分表:将不同业务数据分散存储到不同的数据库服务器,能够支撑百万甚至千万用户规模的业务,但如果业务继续发展,同一业务的单表数据也会达到单台数据库服务器的处理瓶颈。例如,淘宝的几亿用户数据,如果全部存放在一台数据库服务器的一张表中,肯定是无法满足性能要求的,此时就需要对单表数据进行拆分。

单表数据拆分有两种方式:垂直分表和水平分表。

垂直分表适合将表中某些不常用且占了大量空间的列拆分出去。

水平分表适合表行数特别大的表,有的公司要求单表行数超过 5 000 万就必须进行分表,这个数字可以作为参考,但并不是绝对标准,关键还是要看表的访问性能。对于一些比较复杂的表,可能超过 1 000 万行就要分表了;而对于一些简单的表,即使存储数据超过 1 亿行,也可以不分表。但不管怎样,当看到表的数据量达到千万级别时,作为架构师就要警觉起来,因为这很可能是架构的性能瓶颈或者隐患。

项目 4

数据表的基本操作

4.1 项目描述

在前面的项目中完成了对"图书借阅系统（tsjy）"和三个表（book、jy、members）的创建，本项目将会对数据表中的数据进行操作。其中数据库用来存储数据库对象数据表、索引、视图等，数据表则是用来存储数据的。如果想要操作表中存储的数据，需要使用数据操纵语言（DML）：INSERT（插入数据）、UPDATE（更新数据）、DELETE（删除数据）。本项目要求对图书表（book）、借阅信息表（jy）和会员表（members）表进行相关的 DML 操作，并对表中的数据进行处理。

4.2 职业能力、素养目标

- 掌握数据的插入操作。
- 掌握数据的修改操作。
- 掌握数据的删除操作。
- 在实验数据中使用自建的数据库，使学生在课程中了解中国智慧，激发学生的中国道路自信和计算机领域发展信心。

4.3 相关知识

插入记录是向表中插入不存在的新记录，通过这种方式可以为表中增加新的数据。本项目以"图书借阅系统（tsjy）"中的表为例，介绍插入记录的各种用法。由于这 3 张表存在外键引用，不但创建表时先创建主表，然后创建从表，而且在添加记录时，也要添加主表中的记录，即先添加图书表（book）及会员表（members）中的记录，最后添加借阅信息表（jy）的记录。

项目 4　数据表的基本操作

1. 图书表（book）

图书表（book）的结构和记录如图 4-1 所示。

图书编号	书名	作者	出版日期	单价	类别	库存
ts2020001	三国演义	罗贯中	2006-10-01	108	文学类	50
ts2020002	红楼梦	曹雪芹	2007-12-02	110	文学类	40
ts2020003	呐喊	鲁迅	2001-05-06	42	文学类	45
ts2020004	彷徨	鲁迅	1999-06-25	53	文学类	40
ts2020005	朝花夕拾	鲁迅	2005-06-15	48	文学类	45
ts2020006	水浒传	施耐庵	2001-03-04	108	文学类	45
ts2020007	西游记	吴承恩	2009-11-03	110	文学类	(Null)
ts2020008	C语言程序设计	谭浩强	2017-07-20	33	计算机类	50
ts2020009	蛙	莫言	2009-12-01	25	小说	(Null)
ts2020010	计算机基础	刘锡轩	2012-08-01	58	计算机类	50
ts2020011	聊斋志异	蒲松龄	2001-03-20	86	文学类	30
ts2020012	数据库系统概论	希尔伯沙茨	2008-10-01	35	计算机类	(Null)
ts2020013	巴黎圣母院	雨果	2007-12-01	58	文学类	35
ts2020014	海底两万里	儒勒·凡尔纳	2006-06-19	56	文学类	52
ts2020015	地心游记	儒勒·凡尔纳	2019-01-01	17	文学类	45
ts2020016	世说新语	刘义庆	2004-01-02	57	文学类	30
ts2020017	汉书	班固	2009-01-03	230	史学类	30
ts2020018	资治通鉴	司马光	2000-07-09	218	史学类	50

图 4-1　图书表（book）的结构和记录

定义 book 表结构的 SQL 语句如下：

```
CREATE TABLE 'book' (
  '图书编号'        char(9)        NOT NULL,
  '书名'           varchar(20)    DEFAULT NULL,
  '作者'           varchar(10)    DEFAULT NULL,
  '出版日期'        date           DEFAULT NULL,
  '单价'           int(5)         DEFAULT NULL,
  '类别'           varchar(20)    DEFAULT NULL,
  '库存'           int(5)         DEFAULT NULL,
  PRIMARY KEY ('图书编号') USING BTREE
) ENGINE=InnoDB DEFAULT CHARSET=utf8 ROW_FORMAT=DYNAMIC;
```

2. 借阅信息表（jy）

借阅信息表（jy）的结构和记录如图 4-2 所示。

图书编号	会员编号	入库日期	借出日期	归还日期
ts2020001	#hy00001	2012-10-01	2019-05-06	2019-06-15
ts2020002	#hy00012	2012-10-05	2018-08-25	2018-09-18
ts2020003	#hy00024	2012-09-05	2019-03-25	2019-04-28
ts2020004	#hy00001	2014-06-05	2020-06-05	2020-08-06
ts2020005	#hy00009	2016-05-08	2019-06-07	2019-10-25
ts2020006	#hy00012	2014-12-23	2020-05-06	2020-08-25
ts2020007	#hy00015	2014-11-14	2020-11-05	2121-03-07
ts2020008	#hy00011	2019-11-05	2020-07-05	2020-08-05
ts2020009	#hy00021	2011-08-23	2020-04-07	2020-06-08
ts2020010	#hy00022	2015-05-03	2018-06-05	2018-09-05
ts2020011	#hy00015	2018-06-09	2019-08-12	2019-09-25
ts2020012	#hy00019	2011-02-25	2018-04-12	2018-05-18
ts2020013	#hy00020	2019-06-08	2019-10-22	2019-12-25
ts2020014	#hy00018	2018-05-06	2019-11-23	2020-01-24
ts2020015	#hy00004	2012-03-18	2018-06-19	2018-08-27
ts2020016	#hy00024	2011-05-25	2013-04-21	2014-05-16
ts2020017	#hy00016	2013-05-15	2017-06-08	2017-11-13
ts2020018	#hy00012	2015-02-05	2020-04-09	2020-06-08

图 4-2　借阅信息表（jy）的结构和记录

定义 jy 表结构的 SQL 语句如下：

```
CREATE TABLE 'jy' (
  '图书编号' char(9) NOT NULL,
  '会员编号' char(8) NOT NULL,
  '入库日期' date    DEFAULT NULL,
  '借出日期' date    DEFAULT NULL,
  '归还日期' date    DEFAULT NULL,
  PRIMARY KEY ('图书编号','会员编号')
) ENGINE=InnoDB DEFAULT CHARSET=utf8 ROW_FORMAT=DYNAMIC;
```

3. 会员表（members）

会员表（members）的结构和记录如图 4-3 所示。

会员编号	身份证号	会员姓名	联系电话	注册时间
#hy00005	452013200602542205	孙少华	15824671468	2011-02-24
#hy00006	452013200012245469	孙自立	15164253652	2005-12-24
#hy00007	452013201512010022	李雪	15487954682	2020-12-01
#hy00008	452013198011260126	李丽珍	19854684765	1985-11-26
#hy00009	452013200408202234	郑子怡	13345875464	2009-08-20
#hy00010	452013201507239561	徐子文	12345685412	2020-07-23
#hy00011	452013200611193254	许雯	11254685546	2011-11-19
#hy00012	452013196402025431	吴壮志	18155463555	1969-02-02
#hy00013	452013198505243568	吴琳	12845765564	1990-05-24
#hy00014	452013197506241234	陆心怡	15545556428	1980-06-24
#hy00015	452013200315202451	周龙威	13145204131	2008-12-20
#hy00016	452013200006256432	周萌	15487695455	2005-06-25
#hy00017	452013201309096512	许囡囡	11958463466	2018-09-09
#hy00018	452013200510283652	周梦	18845874689	2010-10-28
#hy00019	452013196511021234	徐艳妮	10021305460	1970-11-02
#hy00020	452013199903012541	李昆	12155423142	2004-03-01
#hy00021	452013201301013564	周燕	11254163220	2018-01-01
#hy00022	452013200003053564	胡萌萌	15464552499	2005-03-05
#hy00023	452013199808246542	邓丽e	18846579987	2003-08-24
#hy00024	452013199402063214	高媛媛	12352546488	1999-02-06
#hy00025	452013199201082345	徐泽	12345675468	1997-01-08

图 4-3 会员表（members）的结构和记录

注：数据表中已对真实的"身份证号"和"联系电话"做了处理，只是表现形式相似，均为虚拟号码，以方便教学。

定义 members 表结构的 SQL 语句如下：

```
CREATE TABLE 'jy' (
  '图书编号'      char(9)     NOT NULL,
  '会员编号'      char(8)     NOT NULL,
  '入库日期'      date        DEFAULT NULL,
  '借出日期'      date        DEFAULT NULL,
  '归还日期'      date        DEFAULT NULL,
  PRIMARY KEY ('图书编号','会员编号')
) ENGINE=InnoDB DEFAULT CHARSET=utf8 ROW_FORMAT=DYNAMIC;
```

4.3.1 插入表数据

插入数据之前的表是一张空表，需要用户使用 INSERT 语句向表中插入新的数据记录。插入数据有四种不同的方式：插入完整数据记录、插入部分数据记录、同时插入多条数据以及插入查询结果。

一旦创建了数据库和表,下一步就是向表中插入数据。通过 INSERT 或 REPLACE 语句可以向表中插入一行或多行数据。

语法格式:

```
INSERT [IGNORE] [INTO] 表名[(列名,…)]
VALUES ({表达式| DEFAULT},…),(…),…
| SET列名={表达式| DEFAULT},…
```

插入表数据

如果要给全部列插入数据,列名可以省略。如果只给表的部分列插入数据,需要指定这些列。对于没有指出的列,它们的值根据列默认值或有关属性来确定,MySQL 处理的原则是:

① 具有 IDENTITY 属性的列,系统生成序号值来唯一标志列。
② 具有默认值的列,其值为默认值。
③ 没有默认值的列,若允许为空值,则其值为空值;若不允许为空值,则出错。
④ 类型为 timestamp 的列,系统自动赋值。

VALUES 子句:包含各列需要插入的数据清单,数据的顺序要与列的顺序相对应。若 tbl_name 后不给出列名,则在 VALUES 子句中要给出每一列(除 IDENTITY 和 timestamp 类型的列)的值,如果列值为空,则值必须设置为 NULL,否则会出错。VALUES 子句中的值:

① 表达式:可以是一个常量、变量或一个表达式,也可以是空值 NULL,其值的数据类型要与列的数据类型一致。例如,列的数据类型为 int,插入的数据是 'aaa' 就会出错。当数据为字符型时要用单引号括起。

② DEFAULT:指定为该列的默认值。前提是该列原先已经指定了默认值。

如果列清单和 VALUES 清单都为空,则 INSERT 会创建一行,每个列都设置成默认值。

插入语句的常用格式:

```
INSERT INTO   表名(列名,…)
VALUES (表达式,…)
```

1. 插入完整数据记录

【例 4-1】在数据库 tsjy 中按表 4-1 中的数据向 book 中插入一条新记录 ('ts2020001','三国演义','罗贯中','2006-10-01',108,'文学类',50),具体 SQL 语句如下:

```
USE tsjy;
    INSERT INTO book VALUES('ts2020001','三国演义','罗贯中','2006-10-01',108,'文学类',50);
```

book 表包含 7 列,INSERT 语句中的值必须是 7 个,并且数据类型要与列的数据类型一致,其中字符串类型的取值必须加上引号。

在 Navicat 的查询窗格中输入上面的 SQL 语句,运行后显示如图 4-4 所示。

如果再次运行 2,则显示 1062 - Duplicate entry 'ts2020001' for key 'PRIMARY',说明 book 表中定义了主键约束,不能插入重复的主键值。

在导航窗格中双击 book 表,则在窗口中部打开 book 表数据管理窗格,显示表中的记录,如图 4-5 所示。

注意:尽管这种不指定列名的 INSERT 语句非常简单,但它却依赖表中列的定义次序,而且代码阅读性比较差。当表结构发生改变时就要做相应的修改,所以应尽量避免使用这种语法。

MySQL 数据库技术应用教程

图 4-4　插入记录

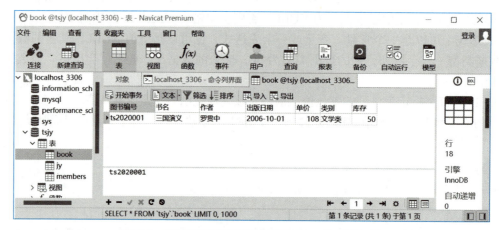

图 4-5　在表数据管理窗格中显示 book 表中的记录

2. 插入部分数据记录

插入部分列的数据记录到表的指定列。语法格式如下：

```
INSERT INTO 表名(列名1,列名2,…,列名n) VALUES (值1,值2,…,值n);
```

其中，"列名"表示要插入数据记录到表中的列名，此处指定表的部分列名；"值"指定列的值，每个值与相应的列名对应。列的顺序可以随意，而不需要按照表定义时的顺序。

【例 4-2】在数据库 tsjy 中按表 4-1 中的数据向 book 表中插入一条新记录，只给指定的列添加值('ts2020017',' 汉书 ',' 班固 ',230)，具体 SQL 语句如下：

```
INSERT INTO book(图书编号,书名,作者,单价)　VALUES('ts2020017','汉书','班固',230);
```

注意：如果字段名列表中没有给出的字段，系统将采用默认值代替，若没有默认值，系统以 NULL 代替。若字段既没有在字段名列表中列出，又没有在表定义中给出默认值，也不能为空，则记录不能插入，提示出错。

3. 同时插入多条数据以及插入查询结果

虽然可以使用多条 INSERT 语句插入多条记录，但是比较烦琐。可以在一个单独的 INSERT 语句中使用多个 VALUES() 子句一次插入多条记录。语法格式如下：

```
INSERT INTO 表名[(列名1,列名2,…,列名n)]
VALUES(值11,值21,…, 值n1),
       (值12,值22,…, 值n2),
       …,
       (值1m,值2m,…,值nm);
```

【例 4-3】在数据库 tsjy 中按表 4-1 中的数据向 book 中插入 4 条新记录，SQL 语句如下：

```
INSERT INTO 'book' VALUES
('ts2020002', '红楼梦', '曹雪芹', '2007-12-02', 110, '文学类', 40),
('ts2020003', '呐喊', '鲁迅', '2001-05-06', 42, '文学类', 45),
('ts2020004', '彷徨', '鲁迅', '1999-06-25', 53, '文学类', 40),
('ts2020005', '朝花夕拾', '鲁迅', '2005-06-15', 48, '文学类', 45);
```

注意：当一次插入多条记录时，每条记录的数据要用 () 括起来，记录与记录之间用逗号分开。如图 4-6 所示，book 表中记录的顺序不是插入记录的顺序，默认按升序排列。

图 4-6　插入多条记录

4.3.2 修改表数据

要修改表中的一行数据，可以使用 UPDATE 语句，UPDATE 可以用来修改一个表，也可以修改多个表。

修改单个表的语法格式：

```
UPDATE [IGNORE] 表名
SET 列名1=表达式1 [,列名2=表达式2 …]
[WHERE 条件]
```

说明：

- SET 子句：根据 WHERE 子句中指定的条件对符合条件的数据行进行修改。若语句中不设定 WHERE 子句，则更新所有行。
- 可以同时修改所在数据行的多个列值，中间用逗号隔开。

视 频

修改表数据

多表修改语法格式：

```
UPDATE [IGNORE] 表名列表
    SET 列名1=表达式1 [,列名2=表达式2 …]
    [WHERE 条件]
```

说明：
表名列表：包含了多个表的联合，各表之间用逗号隔开。
多表修改语法的其他部分与单表修改语法相同。

【例4-4】将数据库 tsjy 中 book 表书名为"红楼梦"的库存数量增加 10，SQL 语句如下：

```
UPDATE book
SET 库存=库存+10
WHERE 书名='红楼梦';
```

运行上面的语句，显示 1 row affected（1 行受影响），表示更新 1 行记录。

【例4-5】将 book 表中所有单价提高 6%，SQL 语句如下：

```
 UPDATE  book SET  单价=单价*1.06;
```

运行上面的语句，显示 Query OK, 6 rows affected (0.01 sec)，表示更新 6 行记录。
注意：使用 UPDATE 语句修改所有记录时，不需要指定 WHERE。

4.3.3 删除表数据

使用 DELETE 语句删除表数据：
① 从单个表中删除，语法格式：

```
DELETE [IGNORE] FROM 表名
[WHERE条件]
```

说明：如果省略 WHERE 子句则删除该表的所有行。
② 从多个表中删除行，语法格式：

```
DELETE [IGNORE] 表名1[.*] [,表名2 [.*] …]
FROM  表名列表
[WHERE 条件]
```

或：

```
DELETE [IGNORE]
FROM  表名1 [.*] [,表名2 [.*] …]
USING 表名列表
[WHERE条件]
```

1. 删除指定记录
使用 DELETE 语句删除指定记录时，要通过 WHERE 子句指定被删除记录需要满足的条件。
【例4-6】将 tsjy 数据库 book 表中书名为"彷徨"的记录删除，SQL 语句如下：

```
delete from book where 书名='彷徨';
```

运行上面的语句，显示 Query OK, 1 row affected (0.01 sec)，表示删除 1 条记录。

【例 4-7】将 tsjy 数据库 book 表中作者名为"鲁迅"的记录删除，SQL 语句如下：

```
delete from book where 作者='鲁迅';
```

运行上面的语句，显示 Query OK, 2 rows affected (0.01 sec)，表示删除 2 条记录。

2. 使用 TRUNCATE TABLE 语句删除表中数据

使用 TRUNCATE TABLE 语句将删除指定表中的所有数据，因此又称清除表数据语句。
语法格式：

```
TRUNCATE TABLE 表名
```

TRUNCATE TABLE 在功能上与不带 WHERE 子句的 DELETE 语句（如 DELETE FROM XS）相同，二者均删除表中的全部行。但 TRUNCATE TABLE 比 DELETE 速度快，且使用的系统和事务日志资源少。DELETE 语句每次删除一行，并在事务日志中为所删除的每行记录一项。而 TRUNCATE TABLE 通过释放存储表数据所用的数据页来删除数据，并且只在事务日志中释放数据页。使用 TRUNCATE TABLE 语句后，AUTO_INCREMENT 计数器被重新设置为该列的初始值。

对于参与了索引和视图的表，不能使用 TRUNCATE TABLE 语句删除数据，而应使用 DELETE 语句。

【例 4-8】将 book 表中的所有行删除。

```
TRUNCATE TABLE book;
```

注意：由于 TRUNCATE TABLE 语句将删除表中的所有数据，且无法恢复，因此使用时必须十分小心。

4.4 项目实施

任务 4-1 使用图形界面插入表数据

使用 Navicat 可以对表中的记录进行添加。下面在 tsjy 数据库中，按图 4-3 输入会员表 members 的记录为例，介绍使用图形界面创建管理数据表的操作。

① 在图形界面中双击成员表 members，窗口主体部分打开 members 表数据管理窗格，如图 4-7 所示，现在是一个空表。

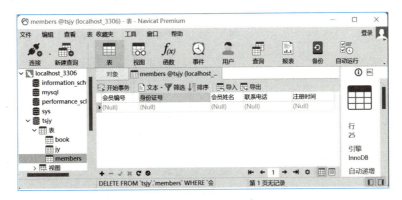

图 4-7　members 表

② 单击列名下的单元格或按【Tab】键，设置插入点，然后分别输入对应的列值。对于日期类型，单击 ⋯ 按钮将显示日历控件，可以选择日期，如图 4-8 所示。

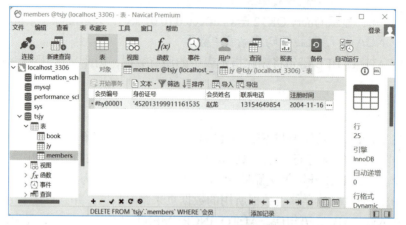

图 4-8　插入一条记录

③ 一行记录输入完成后，单击窗格底部的 ✓ 按钮应用更改或者按【Enter】键确认输入。如果要添加新记录，单击 ✚ 按钮添加记录或者按【Insert】键，将显示一行空白记录，输入新的记录。

④ 重复上面的操作，输入所有记录，如图 4-9 所示。

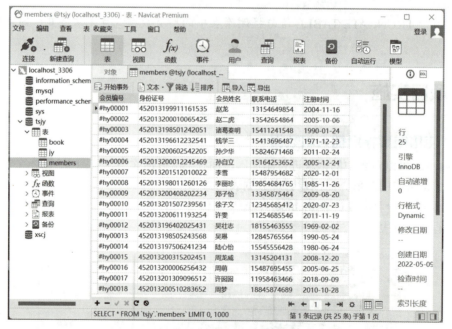

图 4-9　完成 members 表的录入

⑤ 继续使用 Navicat 图形界面重复上面的操作，完成借阅表 jy 记录的输入，如图 4-10 所示。在界面中可以添加、修改和删除记录。

说明：可以使用 Navicat 图形界面方式向 jy 表输入部分记录，然后使用 INSERT 语句输入剩余的记录。比较一下这两种输入方式的特点和适用范围。

项目 4　数据表的基本操作

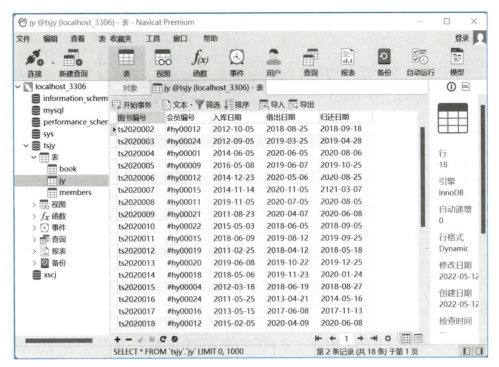

图 4-10　jy 表

任务 4-2　使用图形界面修改、删除表数据

在 Navicat 界面中可以对表中的记录进行添加、修改、删除等操作。下面以 tsjy 数据库的 3 个数据表为例，实现界面方式对记录的操作。

① 双击 book 表，在窗口的中部显示表中的记录，可以对数据进行修改、编辑操作。

② 选中相应的记录，按【Tab】键或上、下、左、右键对相应的单元格数据进行修改，如图 4-11 所示。

图 4-11　修改 book 表

69

③ 选中某行的最左边,右击,在弹出的快捷菜单中选择"删除记录"命令,可以进行相应操作,如图 4-12 所示。

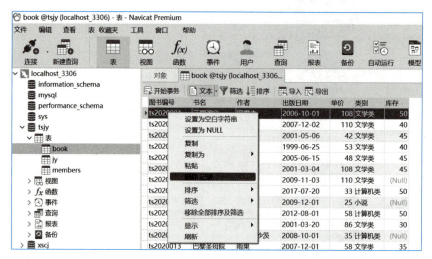

图 4-12　删除一行记录

④ 也可以在导航窗口中右击表名 jy,在弹出的快捷菜单中选择"清空表"命令,将整个表的所有记录删除,如图 4-13 所示。

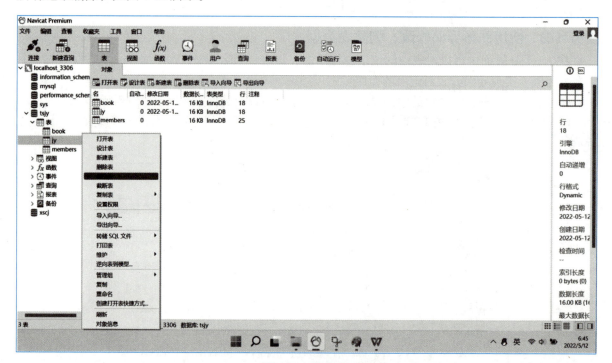

图 4-13　清空表

执行对表的删除修改操作后,必须对表进行再次刷新,才能显示表的更新记录。至此,tsjy 数据库中 3 个表记录已全部被清空。

4.5 小结

通过对数据表的操作，本项目主要介绍了以下内容：
- 使用 DML 创建管理数据表：插入（INSERT）、修改（UPDATE）、删除（DELETE）。
- 使用图形界面创建管理数据表：创建、查看、修改、删除数据表。

4.6 项目实训 4　管理学生成绩数据库表

1. 实训目的

① 掌握使用命令行方式进行数据的录入、修改和删除操作。
② 掌握使用图形界面管理工具进行数据的录入、修改和删除操作。

2. 实训内容

① xscj 数据库中的 3 个表数据如图 4-14 至图 4-16 所示。

学号	姓名	性别	籍贯	出生日期	寝室号	备注	联系方式
2017030591	郭承艳	女	江西	1995-01-01	619	(Null)	11075645879
2017030592	李静	女	湖北	1995-01-05	619	(Null)	11065470213
2017030593	胥文露	女	湖北	1997-01-01	619	(Null)	11046987564
2017030594	赵瑾瑾	女	山西	1994-01-02	619	(Null)	11088642579
2017030595	李梦圆	女	湖北	1995-01-06	619	学委	11012453654
2017030596	宋佳炜	女	河北	1995-01-02	620	(Null)	11011231458
2017030597	张洁	女	四川	1995-01-03	620	(Null)	11015642587
2017030598	曹壮壮	男	湖北	1996-12-01	620	(Null)	11015486888
2017030599	高嘉成	男	湖北	1996-12-03	620	(Null)	11045874456
2017030600	柯猛	男	湖北	1996-12-04	620	(Null)	11011441234
2017030601	张锦涛	男	广东	1996-01-08	621	(Null)	11041245874
2017030602	江涵	男	湖北	1996-01-04	621	(Null)	11044566625
2017030603	刘世民	男	湖北	1996-01-05	621	(Null)	11054672541
2017030604	舒航	男	湖北	1995-12-09	621	(Null)	11041581145
2017030605	夏哲	男	湖北	1995-06-05	621	(Null)	11044561238
2017030606	杜铭星	男	湖北	1995-01-06	621	(Null)	11025412245
2017030607	范德财	男	湖北	1995-02-10	622	(Null)	11054124413
2017030608	吕政	男	湖北	1996-01-06	622	(Null)	11054654598
2017030609	南博	男	湖北	1995-01-07	622	(Null)	11045765523
2017030610	唐伟彬	男	广西	1995-03-11	622	(Null)	11074136654
2017030611	董天翔	男	湖北	1995-04-07	622	(Null)	11045241352

图 4-14　学生基本情况表（xs）

② 用 SQL 命令和 MySQL 图形界面完成以下数据的更新。
- 用 SQL 命令插入 xs、xs_kc 表的记录。
- 用 MySQL 图形界面管理工具输入 kc 表的记录。

③ 用 SQL 命令对三个表完成以下插入、修改、删除操作。
- 在一个单独 INSERT 语句中使用多个 VALUES() 子句,在 xs_kc 表中一次插入如下多条记录，如图 4-17 所示。

课程编号	课程名称	学分	学时
rj201809	大学英语	4	72
rj201814	大学体育	2	36
rj201821	高等数学	4	72
rj201825	数据库管理	2	36
rj201827	职业规划	2	36
rj201829	JavaScript程序设i	6	108
rj201833	Linux操作系统	6	108

图 4-15　课程信息表（kc）

学生学号	课程编号	成绩
2017030591	rj201827	99
2017030591	rj201829	66
2017030591	rj201833	56
2017030592	rj201809	98
2017030592	rj201821	33
2017030592	rj201829	54
2017030593	rj201809	68
2017030593	rj201821	78
2017030593	rj201827	69
2017030594	rj201814	88
2017030594	rj201827	61
2017030594	rj201829	25
2017030595	rj201809	36
2017030595	rj201814	49
2017030595	rj201829	25

图 4-16　成绩表（xs_kc）

2017030596	rj201809	42
2017030596	rj201825	54
2017030596	rj201827	36
2017030597	rj201821	79
2017030597	rj201829	98

图 4-17　插入记录

- 新进两名学生，信息见表 4-1。

表 4-1　新记录

2017000001	张科	湖南	1998-01-30	男	602	83234567
2017000002	付晓	河南	1999-12-01	女	610	83455689

- xs 表中姓名为“张洁”同学的备注改为“班长”，学号改为 '2017123456'。
- 删除 xs 表中籍贯为“湖北”的记录
- 将 xs_kc 表中成绩小于 60 的所有行删除。

4.7 练习题

一、选择题

1. 以下选项中（　　）是 SQL 的 DML（Data Manipulation Language）语句。

　A. SELECT　　B. INSERT　　C. ALTER　　D. CREATE

2. 下面关于 INSERT 语句的说法正确的是（　　）。

　A. INSERT 一次只能插入一行元组　　B. INSERT 只能插入不能修改

　C. INSERT 可以指定要插入哪行　　D. INSERT 可以加 WHERE 条件

3. 以下插入数据的语句错误的是（　　）。

　A. INSERT 表 SET 字段名 = 值

　B. INSERT INTO 表 (字段列表)VALUE (值列表)

　C. INSERT 表 VALUE (值列表)

　D. 以上答案都不正确

4. UPDATE student SET s_name=' 王军 ' WHERE s_id=1; 该代码的功能是（　　）。

　A. 添加姓名叫王军的记录　　B. 删除姓名叫王军的记录

　C. 返回姓名叫王军的记录　　D. 更新 s_id 为 1 的姓名为王军

5. 删除 tb001 数据表中 id=2 的记录，语法格式是（　　）。
   A. DELETE FROM tb001 VALUE id='2';
   B. DELETE INTO tb001 WHERE id='2';
   C. DELETE FROM tb001 WHERE id='2';
   D. UPDATE FROM tb001 WHERE id='2';

6. 在使用 SQL 语句删除数据时，如果 DELETE 语句后面没有 WHERE 条件值，那么将删除指定数据表中的（　　）数据。
   A. 部分　　　　　　　　　　　　B. 全部
   C. 指定的一条数据　　　　　　　D. 以上皆可

7. 关于 DELETE 和 TRUNCATE TABLE 的区别描述错误的是（　　）。
   A. DELETE 可以删除特定范围的数据　　B. 两者执行效率一样
   C. DELETE 返回被删除的记录行数　　　D. TRUNCATE TABLE 返回值为 0

二、练习题

1. 学生信息数据库 studentInfo 中 4 个表的定义见项目 3，数据记录见表 4-2 至表 4-6。

表 4-2　系表 department

DepartmentID（系编号）	DepartmentName（系名称）	Telephone（系电话）
11	哲学学院	NULL
21	物理学院	NULL
31	化工学院	NULL
51	计算机学院	NULL

表 4-3　班级表 class

ClassID（班级编号）	ClassName（班级名称）	ClassNum（班级人数）	Grade（年级）	DepartmentID（系编号）
2022111301	哲学 22-1 班	20	2022	11
2022211501	物理 22-1 班	30	2022	21
2022311401	化工 22-1 班	35	2022	31
2022511201	计算机 22-1 班	40	2022	51
2022511202	计算机 22-2 班	38	2022	51

表 4-4　课程表 course

CourseID（课程编号）	CourseName（课程名称）	Credit（学分）	CourseHour（课时数）	PreCourseID（先修课程编号）	Term（开课学期）
111315	哲学	6	96	511217	2
211511	物理学	6	96	211511	3
311416	化学	6	96	211511	5
511217	计算机基础	3	32	NULL	1
511236	数据库原理	4	64	511217	4

表 4-5　学生表 student

StudentID（学号）	StudentName（姓名）	Sex（性别）	Birthday（出生日期）	Telephone（电话）	Address（家庭地址）	ClassID（班级编号）
202211130101	刘博文	男	2002-08-21	NULL	北京	2022111301
202211130102	许曼莉	女	2002-04-15	NULL	上海	2022111301
202221150101	白沛玲	女	2003-01-08	NULL	浙江	2022211501
202221150102	陈浩天	男	2002-05-23	NULL	湖南	2022211501
202221150103	刘慧语	女	2002-09-17	NULL	山东	2022211501
202231140121	郑朝辉	男	2003-02-13	NULL	河南	2022311401
202231140122	孙妙涵	女	2002-04-22	NULL	四川	2022311401
202251120131	王一诺	男	2002-03-27	NULL	山西	2022511201
202251120132	赵梦琪	女	2002-10-05	NULL	广东	2022511201
202251120133	胡子涵	男	2001-11-26	NULL	云南	2022511201
202251120206	孙芳菲	女	2001-12-22	NULL	陕西	2022511202
202251120207	陈成文	男	2003-06-09	NULL	河北	2022511202

表 4-6　选课表 selectcourse

StudentID（学号）	CourseID（课程编号）	Score（成绩）	SelectCourseDate（选课日期）
202211130101	111315	81	NULL
202211130102	111315	82	NULL
202221150101	211511	75	NULL
202221150102	211511	76	NULL
202221150103	211511	77	NULL
202231140121	311416	68	NULL
202231140122	311416	69	NULL
202251120131	511217	91	NULL
202251120132	511217	92	NULL
202251120133	511217	100	NULL
202251120206	511217	94	NULL
202251120207	511217	95	NULL
202251120131	511236	100	NULL
202251120132	511236	99	NULL
202251120133	511236	89	NULL
202251120206	511236	78	NULL
202251120207	511236	62	NULL

完成所有表的创建和记录插入后，备份数据库到指定的文件夹。

2. 用 SQL 完成以下数据更新操作：

（1）按表 4-2 至表 4-6 插入记录。

（2）在系表 department 中，按读者的想法，添加一条新系记录，记录内容自定。

在班级表 class 中添加一个班级记录，该班隶属于读者创建的系。

项目 4　数据表的基本操作

在学生表 student 中，把读者自己作为学生记录插入到学生表中。

在选课表 selectcourse 中，插入 3 条读者选课的记录。

（3）在学生表 student 中，把刘慧语的电话改为 23401411332，并删除郑朝辉的记录。

4.8　项目实训 4 考评

[管理学生成绩数据库表] 考评记录

姓名		班级		项目评分	
实训地点		学号		完成日期	
	序号	考核内容		标准分	评分
项目实施步骤	1	用命令行方式插入数据表记录		15	
	2	用命令行方式修改数据表记录		20	
	3	用命令行方式删除数据表记录		15	
	4	用图形界面管理工具插入数据表记录		10	
	5	用图形界面管理工具修改数据表记录		10	
	6	用图形界面管理工具删除数据表记录		10	
	7	职业素养		20	
		实训管理：纪律、清洁、安全、整洁、节约等		5	
		团队精神：沟通、协作、互助、自主、积极等		5	
		学习反思：技能表达、反思内容		5	
教师评语					

拓展阅读

SQL 分类：

① 数据操纵语言（DML）：用于对表中的数据进行管理，用来插入、删除和修改数据库中的数据。包括 select、insert、update、delete。

② 数据定义语言（DDL）：用来建立数据库、数据库对象和定义列的命令，如库、表、索引等。包括 create、alter、drop。

③ 数据控制语言（DCL）：用于设置或者更改数据库用户或角色权限。数据控制语句，用于控制不同数据段之间的许可和访问级别的语句，这些语句定义了数据库、表、字段、用户的访问权限和安全级别，如 COMMIT、ROLLBACK、GRANT、REVOKE。

④ 其他语言元素：如流程控制语言、内嵌函数、批处理语句等。

项目 5

数据查询

5.1 项目描述

当所有数据都录入数据表中后,用户可以根据自己对数据的需求,使用不同的查询方式,获得不同的数据。在 MySQL 中,使用 SELECT 语句实现数据查询。

本项目将通过 SELECT 语句完成对三个数据表的多种查询工作,数据查询是从数据库中获取所需要的数据,SELECT 语句是数据库中最常用、最重要的操作。要求在"图书借阅系统(tsjy)"中对三个数据表进行单表查询、使用聚合函数查询、多表查询、子查询等操作。

5.2 职业能力、素养目标

- 掌握数据库表的基本查询。
- 掌握使用聚合函数查询。
- 掌握数据库表的连接查询。
- 能有效管理自己的学习和生活,认识和发现自我价值,发掘自身潜力,有效应对复杂多变的环境,成就精彩人生,发展成为有明确人生方向、有生活品质的人。

5.3 相关知识

5.3.1 基本查询

使用数据库和表的主要目的是存储数据以便在需要时进行检索、统计或组织输出,通过 SQL 语句的查询可以从表或视图中迅速方便地检索数据。

项目 5 数据查询

SELECT 语句的语法格式如下：

```
SELECT [ALL | DISTINCT]    输出列表达式,…
[FROM  表名1 [ ,表名2]…]                    /*FROM子句*/
[WHERE  条件]                               /*WHERE子句*/
[GROUP BY {列名 | 表达式 | 列编号}
[ASC | DESC],…                             /* GROUP BY 子句*/
[HAVING  条件]                              /* HAVING 子句*/
[ORDER BY {列名 | 表达式 | 列编号}
[ASC | DESC] ,…]                           /*ORDER BY子句*/
[LIMIT {[偏移量,] 行数|行数OFFSET偏移量}]    /*LIMIT子句*/
```

格式中的子句顺序严格排序。例如，一个 HAVING 子句必须位于 GROUP BY 子句之后，并位于 ORDER BY 子句之前。

1. 单表查询

单表记录查询指从一张表中查询所需要的数据，只涉及一个表的查询，即简单查询。MySQL 通过 SELECT 语句实现数据记录的查询。最简单的 SELECT 语句语法格式如下：

```
SELECT * | <字段列表> FROM 表名
```

星号"*"表示查询数据表的所有字段值，"字段列表"表示查询指定字段的字段值。

1）查询所有字段值

在 SELECT 语句中，用星号"*"通配符代表表中所有列。返回查询结果时，结果集中各列的次序与这些列在定义表时的顺序相同。

【例 5-1】查询 tsjy 数据库 book 表中的所有记录。SQL 语句如下：

```
USE tsjy;
SELECT * from  book;
```

在 Navicat 的新建查询和命令列界面中运行代码，分别如图 5-1 和图 5-2 所示。

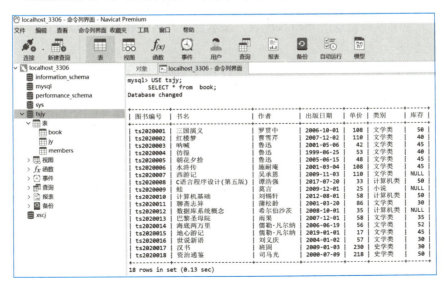

图 5-1 Navicat 的新建查询

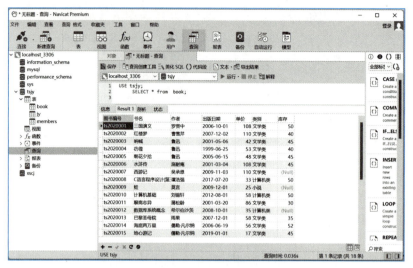

图 5-2　命令列界面的新建查询

2）查询指定字段

如果只需要有针对性地显示指定的列，则不需要将表中的所有列都显示出来，各个列之间用","分隔。

【例 5-2】查询 tsjy 数据库 book 表中的书名、作者及单价。SQL 语句如下：

```
SELECT 书名,作者,单价 from  book;
```

在 Navicat 的命令列界面中运行代码，首先从 book 表中依次取出每条记录，然后将书名、作者和单价的值形成一条新的记录，最后将这些记录形成一个结果表输出，输出列的顺序为指定的顺序，如图 5-3 所示。

3）查询计算的值

SELECT 子句的"目标表达式"不仅可以是表中的列名，也可以是表达式、常量、函数等。

【例 5-3】查询 tsjy 数据库的 members 表，显示会员姓名、联系电话以及该会员的年龄。SQL 语句如下：

```
select 会员姓名,联系电话,year(now())-year(出生日期) from members;
```

执行结果如图 5-4 所示。

注意：可以使用 now() 函数输出当前日期和时间，year() 函数返回某日期的年份。

4）用 as 定义别名

使用 SELECT 语句进行查询时，查询结果集中字段的名称与 SELECT 子句中字段的名称相同。也可以在查询结果集中显示新的字段名，称为字段的别名，以增加结果集的可读性。指定返回字段的别名有以下两种方法：

```
字段名 AS 别名
```

或

```
字段名 别名
```

mysql> SELECT 书名,作者,单价 from book;

书名	作者	单价
三国演义	罗贯中	108
红楼梦	曹雪芹	110
呐喊	鲁迅	42
彷徨	鲁迅	53
朝花夕拾	鲁迅	48
水浒传	施耐庵	108
西游记	吴承恩	110
C语言程序设计(第五版)	谭浩强	33
蛙	莫言	25
计算机基础	刘锡轩	58
聊斋志异	蒲松龄	86
数据库系统概念	希尔伯沙茨	35
巴黎圣母院	雨果	58
海底两万里	儒勒·凡尔纳	56
地心游记	儒勒·凡尔纳	17
世说新语	刘义庆	57
汉书	班固	230
资治通鉴	司马光	218

18 rows in set (0.11 sec)

图 5-3 查询指定字段

会员姓名	联系电话	year(now())-year(出生日期)
赵龙	13154649854	18
赵二虎	13542654864	17
诸葛秦明	15411241548	32
钱学三	15413696487	51
孙少华	15824671468	21
孙自立	15164253652	17
李雪	15487954682	14
李丽珍	19854684765	37
郑子怡	13345875464	13
徐子文	12345685412	15
许雯	11254685546	11
吴壮志	18155463555	53
吴琳	12845765564	32
陆心怡	15545556428	42
周龙威	13145204131	14
周萌	15487695455	17
许囡囡	11958463466	19
周梦	18845874689	16
徐艳妮	10021305460	52
李昆	12155423142	18
周燕	11254163220	14
胡萌萌	15464552499	17
邓丽e	18846579987	19
高媛媛	12352546488	23
徐泽	12345675468	25

25 rows in set (0.10 sec)

图 5-4 查询计算的值

【例 5-4】查询 book 表中的书名、作者和出版日期，结果中各列的标题分别指定为 name、auther 和 date，SQL 语句如下：

```
select 书名 as name,作者  auther,出版日期  as date from book;
```

执行结果如图 5-5 所示。

5）去除重复记录

DISTINCT 关键字可以去除重复的查询记录。而与 DISTINCT 相对的是 ALL 关键字，即显示所有记录，包括重复的记录，ALL 关键字是系统默认的可以省略不写。

使用 DISTINCT 关键字的语法格式如下：

```
SELECT  DISTINCT 字段名 FROM 表名;
```

【例 5-5】对 book 表只选择图书类别，消除结果集中的重复行。

```
SELECT DISTINCT 类别 FROM book;
```

执行结果如图 5-6 所示。

mysql> select 书名 as name,作者 auther,出版日期 as date from book;

name	auther	date
三国演义	罗贯中	2006-10-01
红楼梦	曹雪芹	2007-12-02
呐喊	鲁迅	2001-05-06
彷徨	鲁迅	1999-06-25
朝花夕拾	鲁迅	2005-06-15
水浒传	施耐庵	2001-03-04
西游记	吴承恩	2009-11-03
C语言程序设计(第五版)	谭浩强	2017-07-20
蛙	莫言	2009-12-01
计算机基础	刘锡轩	2012-08-01
聊斋志异	蒲松龄	2001-03-20
数据库系统概念	希尔伯沙茨	2008-10-01
巴黎圣母院	雨果	2007-12-01
海底两万里	儒勒·凡尔纳	2006-06-19
地心游记	儒勒·凡尔纳	2019-01-01
世说新语	刘义庆	2004-01-02
汉书	班固	2009-01-03
资治通鉴	司马光	2000-07-09

18 rows in set (0.08 sec)

图 5-5 用 as 定义别名

类别
文学类
小说
哲学类
史学类

4 rows in set (0.03 sec)

图 5-6 去除重复记录

注意：DISTINCT 关键字不能部分使用，一旦使用，将会应用于所有指定的字段，而不仅是某一个，即所有字段的组合值重复时才会被消除。

2. WHERE 子句

视频
WHERE子句

表中包含大量的记录，在查询时可能只需要查询表中的指定记录，对记录进行过滤，下面介绍 WHERE 子句中查询条件的构成。WHERE 子句必须紧跟在 FROM 子句之后，其语法格式如下：

```
SELECT  目标表达式1,目标表达式2,…,目标表达式n
   FROM  表名
   WHERE  条件表达式
```

WHERE 子句的条件表达式条件很多，常用的查询条件见表 5-1。

表 5-1 常用的查询条件

查询条件	运算符或关键字
比较运算	=、<>、>、<、>=、<=、!=、!>、!<、<=>
范围比较	BETWEEN…END、NOT BETWEEN…END
集合	IN、NOT IN
匹配字符	LIKE、NOT LIKE
空值判断	IS NULL、IS NOT NULL
逻辑运算符	AND、OR、NOT

1）使用关系表达式和逻辑表达式

条件查询时，可以是一个表达式，也可以是多个条件表达式的组合。在使用 WHERE 子句时，需要通过使用关系表达式和逻辑表达式来编写条件表达式。逻辑运算符能够连接多个条件表达式，构成一个复杂的查询条件。

【例 5-6】 对 book 表进行查询库存小于 45 的文学类图书信息，SQL 语句如下：

```
select * from book where 库存<45 and 类别='文学类';
```

执行结果如图 5-7 所示。

【例 5-7】 查询 book 表中，作者是鲁迅或者冰心的图书信息，SQL 语句如下：

```
select * from book where 作者='鲁迅' or 作者='冰心';
```

执行结果如图 5-8 所示。

视频

BETWEEN…END LIKE对结果进行排序

图 5-7 常用的查询条件   图 5-8 查询条件

2）BETWEEN…END

当查询条件在某个值的范围时，可以使用 BETWEEN…AND 关键字。BETWEEN…AND 关键字在 WHERE 子句中的语法格式如下：

```
表达式 [NOT] BETWEEN 表达式1 AND 表达式2
```

其中，表达式 1 的值不能大于表达式 2 的值。如果表达式的值在表达式 1 与表达式 2 之间（包括这两个值），则返回 TRUE，否则返回 FALSE；使用关键字 NOT 时，返回值刚好相反。

【例 5-8】查询 book 表中 2006 年出版的图书情况。SQL 语句如下：

```
select * from book where 出版日期 between '2006-1-1' and '2006-12-31';
```

执行结果如图 5-9 所示。

```
mysql> select * from book where 出版日期 between '2006-1-1' and '2006-12-31';
+-----------+----------+------------+------------+------+--------+------+
| 图书编号  | 书名     | 作者       | 出版日期   | 单价 | 类别   | 库存 |
+-----------+----------+------------+------------+------+--------+------+
| ts2020001 | 三国演义 | 罗贯中     | 2006-10-01 |  108 | 文学类 |   50 |
| ts2020014 | 海底两万里 | 儒勒·凡尔纳 | 2006-06-19 |   56 | 文学类 |   52 |
+-----------+----------+------------+------------+------+--------+------+
2 rows in set (0.05 sec)
```

图 5-9　使用 BETWEEN…AND 关键字

如果要查询不在 2006 年出版的图书情况，则要使用 NOT:

```
select * from book where 出版日期 not between '2006-1-1' and '2006-12-31';
```

3）IN

使用 IN 关键字可以判定某个列的值是否在指定的集合中，当要判定的值与集合中的任意一个值匹配时，返回值为 TRUE，否则返回 FALSE。

IN 关键字在 WHERE 子句中的语法格式如下：

```
表达式 [NOT] IN (子查询|元素1,元素2,…,元素n)
```

使用 IN 搜索条件相当于用 OR 连接两个比较条件，两个可以实现相同的功能，但是使用 IN 的查询语句更加简洁。

【例 5-9】查询 book 表中史学类、哲学类和小说的出版情况。SQL 语句如下：

```
select * from book where 类别 in ('史学类','哲学类','小说');
```

执行结果如图 5-10 所示。

```
mysql> select * from book where 类别 in ('史学类','哲学类','小说');
+-----------+----------+--------+------------+------+--------+------+
| 图书编号  | 书名     | 作者   | 出版日期   | 单价 | 类别   | 库存 |
+-----------+----------+--------+------------+------+--------+------+
| ts2020009 | 蛙       | 莫言   | 2009-12-01 |   25 | 小说   | NULL |
| ts2020017 | 汉书     | 班固   | 2009-01-03 |  230 | 史学类 |   30 |
| ts2020018 | 资治通鉴 | 司马光 | 2000-07-09 |  218 | 史学类 |   50 |
+-----------+----------+--------+------------+------+--------+------+
3 rows in set (0.07 sec)
```

图 5-10　使用 IN 关键字

该语句与下列语句等价：

```
select * from book where 类别='史学类' or 类别='哲学类' or 类别='小说' ;
```

尽管 IN 关键字可用于集合判定，但最主要的用途是子查询，后面在子查询中会有详细介绍。

4）IS NULL

当需要查询某列的值是否为空时，使用 IS NULL 关键字。如果列的值为空，则满足条件；否则不满足条件。IS NULL 关键字在 WHERE 子句中的语法格式如下：

```
表达式  IS  [NOT]  NULL
```

IS NULL 不等同于“=NULL”，IS NOT NULL 也不等同于“!=NULL”。尽管用“=NULL”或“!=NULL”设置查询条件时不会报错，但是不会有返回的结果集，返回值为空。

【例 5-10】查询 book 表中库存为空的图书情况。SQL 语句如下：

```
select  *  from  book  where 库存 is null;
```

执行结果如图 5-11 所示。

mysql> select * from book where 库存 is null;

图书编号	书名	作者	出版日期	单价	类别	库存
ts2020007	西游记	吴承恩	2009-11-03	110	文学类	NULL
ts2020009	蛙	莫言	2009-12-01	25	小说	NULL
ts2020012	数据库系统概念	希尔伯沙茨	2008-10-01	35	计算机类	NULL

3 rows in set (0.06 sec)

图 5-11　使用 IS NULL

5）LIKE

当对查询的数据不是很确定时，用 LIKE 关键字可以进行模糊查询。LIKE 运算符用于指出一个字符串是否与指定字符串相匹配，其主要用于字符类型数据，可以是 char、varchar、text、datetime 等类型的数据。LIKE 关键字在 WHERE 子句中的语法格式如下：

```
表达式 [NOT]  LIKE  模式字符串
```

模式字符串可以是一个完整的字符串，也可以使用通配符实现模糊查询。它有两种通配符，分别是“%”和“_”。% 代表 0 个或多个字符，_ 代表单个字符。

【例 5-11】查询 members 表中姓“周”的会员的身份证号、姓名及联系电话。SQL 语句如下：

```
select 身份证号,会员姓名,联系电话 from members where 会员姓名 like '周%';
```

执行结果如图 5-12 所示。

【例 5-12】查询 book 表中图书编号倒数第 2 位为 1 的图书编号、书名、作者、库存。SQL 语句如下：

```
select 图书编号,书名,作者,库存  from book where 图书编号 like '%1_';
```

执行结果如图 5-13 所示。

身份证号	会员姓名	联系电话
452013200315202451	周龙威	13145204131
452013200006256432	周萌	15487695455
452013200510283652	周梦	18845874689
452013201301013564	周燕	11254163220

4 rows in set (0.04 sec)

图 5-12　用 LIKE 关键字“%”

mysql> select 图书编号,书名,作者,库存 from book where 图书编号 like '%1_';

图书编号	书名	作者	库存
ts2020010	计算机基础	刘锡轩	50
ts2020011	聊斋志异	蒲松龄	30
ts2020012	数据库系统概念	希尔伯沙茨	NULL
ts2020013	巴黎圣母院	雨果	35
ts2020014	海底两万里	儒勒·凡尔纳	52
ts2020015	地心游记	儒勒·凡尔纳	45
ts2020016	世说新语	刘义庆	30
ts2020017	汉书	班固	30
ts2020018	资治通鉴	司马光	50

9 rows in set (0.08 sec)

图 5-13　用 LIKE 关键字“_”

注意：MySQL 默认不区分大小写，使用通配符时如果要区分大小写，则需要更换字符集的校对规则；另外，通配符“%”不能匹配空值 NULL。

6）对结果进行排序

SELECT 语句从表中查询出来的记录，若不使用 ORDER BY 子句排序，结果中行的顺序可能不是期望的顺序。使用 ORDER BY 子句可以对查询得到的数据进行升序或降序排序后再显示。其语法格式如下：

```
ORDER BY 表达式1  ASC|DESC [,表达式2  ASC|DESC,…]
```

其中表达式是排序的项，可以是列名、函数值或者是一个正整数，可以同时指定多个表达式排序项。如果第一项的值相等，则可以根据第二项排序，依此类推，各个表达式间用逗号分隔。

关键字 ASC 是升序排列，DESC 为降序排列，系统默认值为 ASC。

【例 5-13】将 book 表中记录按出版日期的先后顺序排列。SQL 语句如下：

```
select * from book order by 出版日期;
```

执行结果如图 5-14 所示。

mysql> select * from book order by 出版日期;

图书编号	书名	作者	出版日期	单价	类别	库存
ts2020004	彷徨	鲁迅	1999-06-25	53	文学类	40
ts2020018	资治通鉴	司马光	2000-07-09	218	史学类	50
ts2020006	水浒传	施耐庵	2001-03-04	108	文学类	45
ts2020011	聊斋志异	蒲松龄	2001-03-20	86	文学类	30
ts2020003	呐喊	鲁迅	2001-05-06	42	文学类	45
ts2020016	世说新语	刘义庆	2004-01-02	57	文学类	30
ts2020005	朝花夕拾	鲁迅	2005-06-15	48	文学类	45
ts2020014	海底两万里	儒勒·凡尔纳	2006-06-19	56	文学类	52
ts2020001	三国演义	罗贯中	2006-10-01	108	文学类	50
ts2020013	巴黎圣母院	雨果	2007-12-01	58	文学类	35
ts2020002	红楼梦	曹雪芹	2007-12-02	110	文学类	40
ts2020012	数据库系统概念	希尔伯沙茨	2008-10-01	35	计算机类	NULL
ts2020017	汉书	班固	2009-01-03	230	史学类	30
ts2020007	西游记	吴承恩	2009-11-03	110	文学类	NULL
ts2020009	蛙	莫言	2009-12-01	25	小说	NULL
ts2020010	计算机基础	刘锡轩	2012-08-01	58	计算机类	50
ts2020008	C语言程序设计(第五版)	谭浩强	2017-07-20	33	计算机类	50
ts2020015	地心游记	儒勒·凡尔纳	2019-01-01	17	文学类	45

18 rows in set (0.11 sec)

图 5-14　对结果进行默认值排序

【例 5-14】将 book 表中记录按单价从高到低排列。SQL 语句如下：

```
select * from book order by 单价 DESC;
```

执行结果如图 5-15 所示。

mysql> select * from book order by 单价 DESC;

图书编号	书名	作者	出版日期	单价	类别	库存
ts2020017	汉书	班固	2009-01-03	230	史学类	30
ts2020018	资治通鉴	司马光	2000-07-09	218	史学类	50
ts2020002	红楼梦	曹雪芹	2007-12-02	110	文学类	40
ts2020007	西游记	吴承恩	2009-11-03	110	文学类	NULL
ts2020001	三国演义	罗贯中	2006-10-01	108	文学类	50
ts2020006	水浒传	施耐庵	2001-03-04	108	文学类	45
ts2020011	聊斋志异	蒲松龄	2001-03-20	86	文学类	30
ts2020010	计算机基础	刘锡轩	2012-08-01	58	计算机类	50
ts2020013	巴黎圣母院	雨果	2007-12-01	58	文学类	35
ts2020016	世说新语	刘义庆	2004-01-02	57	文学类	30
ts2020014	海底两万里	儒勒·凡尔纳	2006-06-19	56	文学类	52
ts2020004	彷徨	鲁迅	1999-06-25	53	文学类	40
ts2020005	朝花夕拾	鲁迅	2005-06-15	48	文学类	45
ts2020003	呐喊	鲁迅	2001-05-06	42	文学类	45
ts2020012	数据库系统概念	希尔伯沙茨	2008-10-01	35	计算机类	NULL
ts2020008	C语言程序设计(第五版)	谭浩强	2017-07-20	33	计算机类	50
ts2020009	蛙	莫言	2009-12-01	25	小说	NULL
ts2020015	地心游记	儒勒·凡尔纳	2019-01-01	17	文学类	45

18 rows in set (0.10 sec)

图 5-15　对结果进行降序排序

7）LIMIT

有时在查询记录时，为了便于对查询结果集进行浏览和操作，可以使用 LIMIT 子句限制 SELECT 语句返回的行数。LIMIT 子句的语法格式如下：

```
LIMIT 行数 OFFSET 偏移量
```

其中，行数和偏移量都必须是非负整数；偏移量是一个可选的参数，指返回的第一行的偏移量，第 1 条的偏移量是 0，第 2 条的偏移量是 1，依此类推。如果不指定偏移量的位置，默认值为 0。

【例 5-15】查询 book 表中的库存，数量从高到低排列，输出前 5 项。SQL 语句如下：

```
select * from book order by 库存 desc limit 5;
```

执行结果如图 5-16 所示。

图 5-16 使用 LIMIT 子句

从上述查询结果可以看出，先使用 order by 库存 desc 对库存进行降序排序，然后使用 limit 5 返回记录数，偏移量默认值为 0，即从第 1 条记录开始显示。

【例 5-16】查询 book 表中从第 3 条记录开始的 6 条记录。SQL 语句如下：

```
select * from book order by 图书编号 limit 2,6;
```

执行结果如图 5-17 所示。

图 5-17 使用 LIMIT 子句指定偏移量

limit 2,6 子句中的 2 是从第 3 条记录开始输出，6 是指返回的记录数。

5.3.2 使用聚合函数查询

1. 聚合函数

SELECT 子句的表达式中还可以包含聚合函数。聚合函数常常用于对一组值进行计算，然后返回单个值。聚合函数常与 SELECT 语句的 GROUP BY 子句一起使用，常用的聚合函数见表 5-2。

视频

使用聚合函数查询

表 5-2 聚合函数

函 数 名	说 明
COUNT()	求组中项数，返回 int 类型整数
MAX()	求最大值
MIN()	求最小值
SUM()	返回表达式中所有值的和
AVG()	求组中值的平均值

1）COUNT 函数

聚合函数中最经常使用的是 COUNT() 函数，用于统计组中满足条件的行数或总行数，返回 SELECT 语句检索到的行中非 NULL 值的数目，若找不到匹配的行，则返回 0。

语法格式如下：

```
COUNT ( { [ ALL | DISTINCT ]表达式 } | * )
```

其中，ALL 表示对所有值进行运算，DISTINCT 表示去除重复值，默认值为 ALL。使用 COUNT(*) 时将返回检索行的总数目，不论其是否包含 NULL 值，而其余聚合函数都会忽略空值。

【例 5-17】求 members 表中会员总人数。

```
SELECT COUNT(*)   AS   '会员数'   FROM   members;
```

执行结果如图 5-18 所示。

【例 5-18】统计 book 表中图书的种类。

```
SELECT COUNT(DISTINCT 类别)   AS   '图书种类'   FROM   book;
```

执行结果如图 5-19 所示。

【例 5-19】统计 book 表中库存在 40 以上的图书种类。

```
SELECT COUNT(库存)   AS   '库存在40以上图书'   FROM   book   WHERE   库存>40;
```

执行结果如图 5-20 所示。

图 5-18　COUNT 函数　　　图 5-19　COUNT() 函数去除重复值　　　图 5-20　COUNT() 函数带 WHERE 子句

2）MAX() 函数和 MIN() 函数

MAX() 函数和 MIN() 函数分别用于求表达式中所有值项的最大值与最小值，语法格式如下：

```
MAX / MIN ( [ ALL | DISTINCT ]表达式 )
```

其中，表达式是常量、列、函数或表达式，其数据类型可以是数字、字符和时间日期类型。

【例 5-20】求 book 表中图书的单价最高价和最低价。

```
SELECT MAX(单价) as 最高价, MIN(单价) as 最低价   FROM book;
```

执行结果如图 5-21 所示。

注意：当给定列上只有空值或检索出的中间结果为空时，MAX() 函数和 MIN() 函数的值也为空。

3）SUM() 函数和 AVG() 函数

SUM() 函数和 AVG() 函数分别用于求表达式中所有值项的总和与平均值，语法格式如下：

```
SUM / AVG ( [ ALL | DISTINCT ]表达式 )
```

其中，表达式是常量、列、函数或表达式，其数据类型只能是数值型。

【例 5-21】求 book 表中"史学类"图书的库存数。

```
SELECT  SUM(库存)  AS  '史学类库存数'  FROM  book  WHERE 类别='史学类';
```

执行结果如图 5-22 所示。

【例 5-22】求 book 表中"文学类"图书的平均价格。

```
SELECT AVG(单价)  AS  '平均价格'  FROM  book  WHERE 类别='文学类';
```

执行结果如图 5-23 所示。

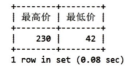

图 5-21 MAX() 函数和 MIN() 函数　　图 5-22 SUM() 函数　　图 5-23 AVG() 函数

视频

分组聚合查询

2. 分组聚合查询

1）GROUP BY 子句

GROUP BY 子句主要用于根据字段对行分组。分组的另一个目的是细化聚合函数的作用对象。如果不使用 GROUP BY 子句，聚合函数将作用于整个查询结果；对查询结果进行分组后，聚合函数分别作用于每个组，查询结果按分组输出。GROUP BY 子句的语法格式如下：

```
[GROUP BY {列名|表达式}  [ASC | DESC], … ] [WITH ROLLUP][HAVING 条件表达式]
```

GROUP BY 子句后通常包含列名或表达式。MySQL 对 GROUP BY 子句进行了扩展，可以在列的后面指定 ASC（升序）或 DESC（降序）。GROUP BY 可以根据一个或多个列进行分组，也可以根据表达式进行分组；HAVING 关键字对分组的结果进行过滤，仅输出满足条件的组。

【例 5-23】输出 book 表中图书类别名。

如果不使用聚合函数，SQL 语句如下：

```
SELECT 类别 FROM book  GROUP BY  类别;
```

执行结果如图 5-24 所示。

如果使用 SUM() 聚合函数统计每类图书的库存量，并进行分类小计，可使用 WITH ROLLUP 子句进行统计。SQL 语句如下：

```
SELECT 类别,SUM(库存)  as 库存量 FROM  book  GROUP BY  类别 WITH ROLLUP ;
```

执行结果如图 5-25 所示。

从执行结果可以看出，使用了 WITH ROLLUP 后，将对 GROUP BY 子句中指定的列进行汇总。

【例 5-24】按性别统计 members 表中男女成员的个数。

```
SELECT 性别,COUNT(*) AS 人数  FROM members GROUP BY 性别;
```

执行结果如图 5-26 所示。

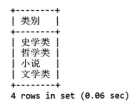

图 5-24　GROUP BY 子句　　　图 5-25　使用 WITH ROLLUP　　　图 5-26　带函数的 GROUP BY 子句 1

【例 5-25】按会员编号统计 jy 表中每个会员所借图书的数目。

```
SELECT 会员编号,COUNT(*) AS 借阅图书的数目   FROM  jy  GROUP BY  会员编号;
```

执行结果如图 5-27 所示。

注意：GROUP BY 子句中列出的分组表达式必须是检索列或有效的表达式，不能是聚合函数。

2）HAVING 条件

使用 HAVING 子句的目的与 WHERE 子句类似，不同的是 WHERE 子句用于在 FROM 子句之后选择行，而 HAVING 子句用来在 GROUP BY 子句之后选择行。

语法格式：

```
HAVING 条件
```

其中，条件的定义和 WHERE 子句中的条件类似，不过 HAVING 子句中的条件可以包含聚合函数，而 WHERE 子句中则不可以。

【例 5-26】按会员编号统计 jy 表中会员所借图书的数目为 2 或 2 本以上的会员信息。
SQL 语句如下：

```
SELECT 会员编号,COUNT(*) AS 借阅图书的数目   FROM  jy
    GROUP BY  会员编号
          HAVING COUNT(*)>=2;
```

执行结果如图 5-28 所示。

【例 5-27】按类别进行分组，查找 book 表中库存量超过 50 的图书类别。
SQL 语句如下：

```
SELECT 类别,sum(库存)   as 库存量 FROM  Book
       GROUP BY  类别
            HAVING  sum(库存)>50;
```

执行结果如图 5-29 所示。

```
+-----------+-------------------+
| 会员编号  | 借阅图书的数目    |
+-----------+-------------------+
| #hy00001  |                 2 |
| #hy00004  |                 1 |
| #hy00009  |                 1 |
| #hy00011  |                 1 |
| #hy00012  |                 3 |
| #hy00015  |                 2 |
| #hy00016  |                 1 |
| #hy00018  |                 1 |
| #hy00019  |                 1 |
| #hy00020  |                 1 |
| #hy00021  |                 1 |
| #hy00022  |                 1 |
| #hy00024  |                 2 |
+-----------+-------------------+
13 rows in set (0.06 sec)
```

图 5-27 带函数的 GROUP BY 子句 2

```
+-----------+-------------------+
| 会员编号  | 借阅图书的数目    |
+-----------+-------------------+
| #hy00001  |                 2 |
| #hy00012  |                 3 |
| #hy00015  |                 2 |
| #hy00024  |                 2 |
+-----------+-------------------+
4 rows in set (0.04 sec)
```

图 5-28 带 HAVING 的 GROUP BY 子句

```
+--------+--------+
| 类别   | 库存量 |
+--------+--------+
| 史学类 |     80 |
| 文学类 |    472 |
+--------+--------+
2 rows in set (0.07 sec)
```

图 5-29 HAVING 子句带函数

注意：SQL 标准要求 HAVING 必须引用 GROUP BY 子句中的列或用于聚合函数中的列。不过，MySQL 支持对此工作性质的扩展，并允许 HAVING 引用 SELECT 清单中的列和外部子查询中的列。

5.3.3 连接查询

当数据查询涉及两个或多张表格时，要将多张表格的数据连接起来组成一张表格。连接查询是关系数据库中多表查询的方式，如果多个表之间存在关联关系，则可以通过连接查询同时查看各表的数据。连接的方式有多种，主要包括全连接、内连接和外连接。

1. 全连接

全连接产生的新表是每个表的每行都与其他表中的每行交叉以产生所有可能的组合，列包含了所有表中出现的列，也就是笛卡儿积。全连接查询结果集的记录行数等于其所连接的两张表记录行数的乘积。全连接产生的结果集一般是毫无意义的，但在数据库的数据模式上却有着重要的作用，所以这种查询实际很少使用。其语法格式如下：

> SELECT 字段名列表 FROM 表名1 CROSS JOIN 表名2；

或

> SELECT 字段名列表 FROM 表名1,表名2；

如图表 A 与表 B 进行全连接的结果集如图 5-30 所示。

视频
连接查询

表 A

A	B
1	2
3	4
5	6

表 B

C	D
7	8
9	10

表 C

	C	D
1	2	7	8
1	2	9	10
3	4	7	8
3	4	9	10
5	6	7	8
5	6	9	10

图 5-30 表 A 与表 B 进行全连接

如表 A 有 3 行，表 B 有 2 行，表 A 和 B 全连接后得到 6 行（3×2=6）的表 C。

【例 5-28】将图书表 book 和借阅表 jy 进行全连接。
SQL 语句如下：

```
SELECT  *  FROM   CROSS   JOIN  book,jy;
```

或

```
SELECT  *  FROM book,jy;
```

执行结果如图 5-31 所示。

```
--+
| 图书编号   | 书名     | 作者      | 出版日期    | 单价 | 类别  | 库存 | 图书编号   | 会员编号  | 入库日期    | 借出日期    | 归还日期    |
--+
| ts2020001 | 三国演义  | 罗贯中    | 2006-10-01 | 108 | 文学类 | 50  | ts2020001 | #hy00001 | 2012-10-01 | 2019-05-06 | 2019-06-1
5 |
| ts2020002 | 红楼梦    | 曹雪芹    | 2007-12-02 | 110 | 文学类 | 40  | ts2020001 | #hy00001 | 2012-10-01 | 2019-05-06 | 2019-06-1
5 |
| ts2020003 | 呐喊      | 鲁迅      | 2001-05-06 |  42 | 文学类 | 45  | ts2020001 | #hy00001 | 2012-10-01 | 2019-05-06 | 2019-06-1
5 |
| ts2020004 | 彷徨      | 鲁迅      | 1999-06-25 |  53 | 文学类 | 40  | ts2020001 | #hy00001 | 2012-10-01 | 2019-05-06 | 2019-06-1
5 |
| ts2020005 | 朝花夕拾  | 鲁迅      | 2005-06-15 |  48 | 文学类 | 45  | ts2020001 | #hy00001 | 2012-10-01 | 2019-05-06 | 2019-06-1
8 |
| ts2020014 | 海底十万里| 儒勒·凡尔纳| 2006-06-19 |  56 | 文学类 | 52  | ts2020018 | #hy00012 | 2015-02-05 | 2020-04-09 | 2020-06-0
8 |
| ts2020015 | 繁星 春水 | 冰心      | 2006-03-11 |  56 | 文学类 | 60  | ts2020018 | #hy00012 | 2015-02-05 | 2020-04-09 | 2020-06-0
8 |
| ts2020016 | 世说新语  | 刘义庆    | 2004-01-02 |  57 | 文学类 | 30  | ts2020018 | #hy00012 | 2015-02-05 | 2020-04-09 | 2020-06-0
8 |
| ts2020017 | 汉书      | 班固      | 2009-01-03 | 230 | 史学类 | 30  | ts2020018 | #hy00012 | 2015-02-05 | 2020-04-09 | 2020-06-0
8 |
| ts2020018 | 资治通鉴  | 司马光    | 2000-07-09 | 218 | 史学类 | 50  | ts2020018 | #hy00012 | 2015-02-05 | 2020-04-09 | 2020-06-0
8 |
--+
324 rows in set (0.87 sec)
```

图 5-31　全连接查询

本例中，book 表有 18 条记录，jy 表有 18 条记录，进行全连接后结果集的记录行数是 18×18=324 条。当所关联的两张表的记录行数很多，其结果集也会非常大且执行时间会很长，所以应该避免使用全连接。

在这样的情况下，通常要使用 WHERE 子句设定条件将结果集减少为易于管理的大小，这样的连接即为等值连接。

2. 内连接

指定了 INNER 关键字的连接是内连接，内连接（INNER JOIN）在全连接的查询结果集中，通过在查询中设置连接条件，舍弃不匹配的记录，保留表关系中所有相匹配的记录。其目的是消除全连接中某些没有意义的行。也就是说，在内连接查询中，只有满足条件的记录才能出现在结果集中。以下是内连接所对应的 SQL 语句的两种语法格式。

① 使用 JOIN 关键字的连接，语法格式如下：

```
SELECT 目标表达式1,目标表达式2,…,目标表达式n
FROM 表名1 [ INNER] JOIN 表名2 ON 条件 | USING (列名)
```

② 使用 WHERE 子句定义连接条件，语法格式如下：

```
SELECT 目标表达式1,目标表达式2,…,目标表达式n
FROM 表名1, 表名2  WHERE 连接条件
```

上面两种表示形式的差别在于：使用 INNER JOIN 后，FROM 子句中的 ON 子句用来设置连接表的连接条件；使用 WHERE 子句定义连接条件的形式时，表与表之间的连接条件和查询时的过滤条件均在 WHERE 子句中指定。

【例 5-29】查阅 tsjy 数据库中借阅的图书书名、会员编号、借出日期。

```
select book.书名,jy.会员编号,jy.借出日期
from book join jy on book.图书编号=jy.图书编号;
```

执行结果如图 5-32 所示。

该语句根据 ON 关键字后面的连接条件，合并两个表，返回满足条件的行。

内连接是系统默认的，可以省略 INNER 关键字。使用内连接后，FROM 子句中 ON 条件主要用来连接表，其他并不属于连接表的条件可以使用 WHERE 子句指定。

该语句与下列语句等价：

```
select book.书名,jy.会员编号,jy.借出日期
    from book,jy
        where book.图书编号=jy.图书编号;
```

【例 5-30】查找 members 表中所有借阅过图书的会员姓名。

```
SELECT  DISTINCT 会员姓名
    FROM members JOIN  jy
        ON Members.会员编号=jy.会员编号;
```

执行结果如图 5-33 所示。

```
mysql> select book.书名,jy.会员编号,jy.借出日期
from book join jy on book.图书编号=jy.图书编号;
+-------------------------+----------+------------+
| 书名                    | 会员编号 | 借出日期   |
+-------------------------+----------+------------+
| 三国演义                | #hy00001 | 2019-05-06 |
| 红楼梦                  | #hy00012 | 2018-08-25 |
| 呐喊                    | #hy00024 | 2019-03-25 |
| 彷徨                    | #hy00001 | 2020-06-05 |
| 朝花夕拾                | #hy00009 | 2019-06-07 |
| 水浒传                  | #hy00012 | 2020-05-06 |
| 西游记                  | #hy00015 | 2020-11-05 |
| C语言程序设计(第五版)   | #hy00011 | 2020-07-05 |
| 蛙                      | #hy00021 | 2020-04-07 |
| 计算机基础              | #hy00022 | 2018-06-05 |
| 聊斋志异                | #hy00015 | 2019-08-12 |
| 数据库系统概念          | #hy00019 | 2018-04-12 |
| 巴黎圣母院              | #hy00020 | 2019-10-22 |
| 海底两万里              | #hy00018 | 2019-11-23 |
| 地心游记                | #hy00004 | 2018-06-19 |
| 世说新语                | #hy00024 | 2013-04-21 |
| 汉书                    | #hy00016 | 2017-06-08 |
| 资治通鉴                | #hy00012 | 2020-04-09 |
+-------------------------+----------+------------+
18 rows in set (0.10 sec)
```

图 5-32　内连接查询

```
+----------+
| 会员姓名 |
+----------+
| 赵龙     |
| 钱学三   |
| 郑子怡   |
| 许雯     |
| 吴壮志   |
| 周龙威   |
| 周萌     |
| 周梦     |
| 徐艳妮   |
| 李昆     |
| 周燕     |
| 胡萌萌   |
| 高媛媛   |
+----------+
13 rows in set (0.06 sec)
```

图 5-33　去重内连接查询

查询结果为 jy 表中所有出现的身份证号对应的会员姓名。

该语句与下列语句等价：

```
SELECT  Distinct 会员姓名
    FROM Members
        JOIN  JY USING (会员编号);
```

如果要连接的表中有列名相同，并且连接的条件就是列名相等，那么 ON 条件也可以换成 USING 子句。USING（column_list）子句用于为一系列的列进行命名。这些列必须同时在两个表中存在。其中 column_list 为两表中相同的列名。

内连接还可以用于多个表的连接。

【例 5-31】用 JOIN 关键字完成下列查询:查找借阅了作者为“鲁迅”的图书编号、图书书名、入库日期、会员姓名。

```
SELECT book.图书编号,书名,入库日期,会员姓名
    FROM book JOIN jy ON book.图书编号=jy.图书编号
        JOIN members ON jy.会员编号=members.会员编号
            WHERE 作者='鲁迅';
```

执行结果如图 5-34 所示。

作为特例，可以将一个表与它自身进行连接，称为自连接。若要在一个表中查找具有相同列值的行，则可以使用自连接。使用自连接时需为表指定两个别名，且对所有列的引用均要用别名限定。

【例 5-32】查找 jy 表中图书编号、会员编号相同的图书的图书编号、会员编号和归还日期。

```
SELECT   a.图书编号,a.会员编号,a.归还日期
      FROM   JY   AS   a   JOIN   JY   AS   b
           ON   a.会员编号=b.会员编号
                where  a.图书编号!=b.图书编号;
```

执行结果如图 5-35 所示。

图书编号	书名	入库日期	会员姓名
ts2020003	呐喊	2012-09-05	高媛媛
ts2020004	彷徨	2014-06-05	赵龙
ts2020005	朝花夕拾	2016-05-08	郑子怡

3 rows in set (0.06 sec)

图 5-34　带 WHERE 的内查询

图书编号	会员编号	归还日期
ts2020001	#hy00001	2019-06-15
ts2020002	#hy00012	2018-09-18
ts2020002	#hy00012	2018-09-18
ts2020003	#hy00024	2019-04-28
ts2020004	#hy00001	2020-08-06
ts2020006	#hy00012	2020-08-25
ts2020006	#hy00012	2020-08-25
ts2020007	#hy00015	2121-03-07
ts2020011	#hy00015	2019-09-25
ts2020016	#hy00024	2014-05-16
ts2020018	#hy00012	2020-06-08
ts2020018	#hy00012	2020-06-08

12 rows in set (0.05 sec)

图 5-35　自查询

3. 外连接

指定了 OUTER 关键字的连接为外连接，此连接将连接的两张表分为基础表和参考表，然后以基础表为依据返回满足和不满足连接条件的记录。

外连接的基本语法格式如下：

```
SELECT 目标表达式1,目标表达式2,…,目标表达式n
FROM 表名1  LEFT | RIGHT  [OUTER]  JOIN 表名2  ON 条件
```

视频

外连接

外连接和内连接非常相似，外连接可以查询两个或两个以上的表，需要通过指定列进行连接，当该列取值相等时，可以查询出表的记录，取值不相等也可以查询出来。

外连接根据连接表的顺序，可分为左外连接和右外连接两种。

1）左外连接（LEFT OUTER JOIN）

结果表中除了匹配行外，还包括左表有的但右表中不匹配的行，对于这样的行，右表被选择的列设置为NULL。

2）右外连接（RIGHT OUTER JOIN）

结果表中除了匹配行外，还包括右表有的但左表中不匹配的行，对于这样的行，左表被选择的列设置为NULL。

【例5-23】查找所有图书的图书编号、作者及借阅了图书的会员编号，若从未借阅过，也要包括其情况。

```
SELECT Book.图书编号,Book.作者,会员编号
    FROM Book LEFT OUTER JOIN jy
        ON Book.图书编号= jy.图书编号;
```

执行结果如图5-36所示。

【例5-34】查找借阅了图书的会员的图书编号、会员编号和会员姓名。

```
SELECT 图书编号,Members.会员编号,会员姓名
    FROM JY RIGHT JOIN Members
        ON Members.会员编号=JY.会员编号;
```

执行结果如图5-37所示。

图5-36 左外连接查询   图5-37 右外连接查询

视频
子查询

4. 子查询

在查询条件中，可以使用另一个查询的结果作为条件的一部分，例如，判定列值是否与某个查询结果集中的值相等，作为查询条件一部分的查询称为子查询。SQL标准允许SELECT多层嵌套使用，用来表示复杂的查询。子查询除了可以用在SELECT语句中，还可以用在INSERT、UPDATE及DELETE语句中。

子查询通常与 IN、EXIST 关键字及比较运算符结合使用。

带 IN 关键字的子查询用于判定一个给定值是否存在于子查询的结果集中。当子查询仅仅返回一个数据列时，适合用带 IN 关键字的查询。语法格式如下：

```
查询表达式 [ NOT ] IN （子查询语句）
```

当表达式与子查询的结果表中的某个值相等时，IN 关键字返回 TRUE，否则返回 FALSE；若使用了 NOT，则返回的值刚好相反。

5. 比较子查询

批量比较子查询是指子查询的结果不止一个，主查询和子查询之间需要用比较运算符进行连接。SQL 支持 3 种比较谓词：SOME、ANY 和 ALL，它们都用于判断是否任何或全部返回值都满足搜索要求。

① SOME 和 ANY 是同义词，可以替换使用。SOME 把每一行指定的表达式的值与子查询的结果集进行比较，如果哪行的比较结果为真，就返回该行。

② ALL 用于指定表达式需要与子查询结果集中的每个值进行比较，当表达式与每个值都满足比较关系是，返回值为真，否则为假。

1）SOME 或 ANY 的子查询

这种子查询可以认为是 IN 子查询的扩展，它使表达式的值与子查询的结果进行比较运算。其格式如下：

```
表达式 { < | <= | = | > | >= | != | <> } { ALL | SOME | ANY } （子查询）
```

2）ALL 或 ANY 的子查询

any、all 关键字必须与一个比较操作符一起使用。any 关键字可以理解为"对于子查询返回列中的任一数值，如果比较结果为 true，则返回 true"。all 的意思是"对于子查询返回列中的所有值，如果比较结果为 true，则返回 true"。

any 可以与 =、>、>= 结合起来使用，分别表示等于、大于、大于或等于、小于、小于或等于、不等于其中的任何一个数据。

all 可以与 =、>、>= 结合是来使用，分别表示等于、大于、大于或等于、小于、小于或等于、不等于其中的所有数据。

5.4 项目实施

任务 5-1 子查询

【例 5-35】查找 tsjy 数据库中会员"吴壮志"的借阅信息。

```
SELECT *   FROM jy
    WHERE 会员编号 IN
      ( SELECT 会员编号 FROM Members
        WHERE 会员姓名 = '吴壮志' );
```

执行结果如图 5-38 所示。

```
+----------+---------+------------+------------+------------+
| 图书编号  | 会员编号  | 入库日期    | 借出日期    | 归还日期    |
+----------+---------+------------+------------+------------+
| ts2020002| #hy00012| 2012-10-05 | 2018-08-25 | 2018-09-18 |
| ts2020006| #hy00012| 2014-12-23 | 2020-05-06 | 2020-08-25 |
| ts2020018| #hy00012| 2015-02-05 | 2020-04-09 | 2020-06-08 |
+----------+---------+------------+------------+------------+
3 rows in set (0.03 sec)
```

图 5-38　带 IN 关键字的子查询

说明：在执行包含子查询的 SELECT 语句时，系统先执行子查询，产生一个结果表，再执行查询。本例中，先执行子查询：

```
SELECT  会员编号 FROM  Members   WHERE  会员姓名 = '吴壮志'
```

得到一个只含有会员编号列的表。再执行外查询，若 jy 表中某行的会员编号列值等于子查询结果表中的任一个值，则该行就被选择。

IN 子查询只能返回一列数据。对于较复杂的查询，可以使用嵌套的子查询。

【例 5-36】查找没有借阅图书的会员信息。

```
SELECT * FROM Members        WHERE  会员编号 NOT IN
    (SELECT  会员编号 FROM JY  WHERE  图书编号 IN
        (SELECT 图书编号 FROM  Book));
```

执行结果如图 5-39 所示。

```
+---------+--------------------+----------+------+-------------+------------+
| 会员编号 | 身份证号           | 会员姓名  | 性别 | 联系电话     | 出生日期    |
+---------+--------------------+----------+------+-------------+------------+
| #hy00002| 452013200010065425 | 赵二虎    | 男   | 13542654864 | 2005-10-06 |
| #hy00003| 452013198501242051 | 诸葛秦明  | 男   | 15411241548 | 1990-01-24 |
| #hy00005| 452013200602542205 | 孙少华    | 男   | 15824671468 | 2001-02-24 |
| #hy00006| 452013200012245469 | 孙自立    | 男   | 15164253652 | 2005-12-24 |
| #hy00007| 452013201512010022 | 李雪      | 女   | 15487954682 | 2008-12-01 |
| #hy00008| 452013198011260126 | 李丽珍    | 女   | 19854684765 | 1985-11-26 |
| #hy00010| 452013201507239561 | 徐子文    | 女   | 12345685412 | 2007-07-23 |
| #hy00013| 452013198505243568 | 吴琳      | 女   | 12845765564 | 1990-05-24 |
| #hy00014| 452013197506241234 | 陆心怡    | 女   | 15545556428 | 1980-06-24 |
| #hy00017| 452013201309096512 | 许囡囡    | 女   | 11958463466 | 2003-09-09 |
| #hy00023| 452013199808246542 | 邓丽      | 女   | 18846579987 | 2003-08-24 |
| #hy00025| 452013199201082345 | 徐泽      | 男   | 12345675468 | 1997-01-08 |
+---------+--------------------+----------+------+-------------+------------+
12 rows in set (0.15 sec)
```

图 5-39　带 NOT IN 关键字的子查询

任务 5-2　比较子查询

1．SOME 或 ANY 的子查询

【例 5-37】查找 book 表中所有图书价格不低于"小说"的图书基本信息。

```
SELECT 图书编号,书名,类别,单价 FROM  book  WHERE  单价>SOME
    (SELECT 单价 FROM  book  WHERE  类别 ='小说' );
```

执行结果如图 5-40 所示。

2．ALL 的子查询

【例 5-38】查找 book 表中所有比"聊斋志异"图书价格都高的图书基本信息。

```
SELECT  图书编号,类别,单价  FROM  book
    WHERE  单价>ALL
        (SELECT 单价 FROM book  WHERE  书名='聊斋志异');
```

执行结果如图 5-41 所示。

```
mysql> SELECT 图书编号,书名,类别,单价 FROM  BOOK  WHERE 单价>SOME
       (SELECT 单价 FROM  BOOK  WHERE 类别 ='小说' );
+-----------+----------------------+----------+-------+
| 图书编号  | 书名                 | 类别     | 单价  |
+-----------+----------------------+----------+-------+
| ts2020001 | 三国演义             | 文学类   |   108 |
| ts2020002 | 红楼梦               | 文学类   |   110 |
| ts2020003 | 呐喊                 | 文学类   |    42 |
| ts2020004 | 彷徨                 | 文学类   |    53 |
| ts2020005 | 朝花夕拾             | 文学类   |    48 |
| ts2020006 | 水浒传               | 文学类   |   108 |
| ts2020007 | 西游记               | 文学类   |   110 |
| ts2020008 | C语言程序设计(第五版) | 计算机类 |    33 |
| ts2020010 | 计算机基础           | 计算机类 |    58 |
| ts2020011 | 聊斋志异             | 文学类   |    86 |
| ts2020012 | 数据库系统概念       | 计算机类 |    35 |
| ts2020013 | 巴黎圣母院           | 文学类   |    58 |
| ts2020014 | 海底两万里           | 文学类   |    56 |
| ts2020016 | 世说新语             | 文学类   |    57 |
| ts2020017 | 汉书                 | 史学类   |   230 |
| ts2020018 | 资治通鉴             | 史学类   |   218 |
+-----------+----------------------+----------+-------+
16 rows in set (0.09 sec)
```

图 5-40　带 SOME 关键字的子查询

```
+-----------+--------+------+
| 图书编号  | 类别   | 单价 |
+-----------+--------+------+
| ts2020001 | 文学类 |  108 |
| ts2020002 | 文学类 |  110 |
| ts2020006 | 文学类 |  108 |
| ts2020007 | 文学类 |  110 |
| ts2020009 | 小说   |   89 |
| ts2020012 | 小说   |   87 |
| ts2020017 | 史学类 |  230 |
| ts2020018 | 史学类 |  218 |
+-----------+--------+------+
8 rows in set (0.06 sec)
```

图 5-41　带 ALL 关键字的子查询

5.5 小结

通过对数据表的 SELECT 查询操作，本项目主要介绍了以下内容：

- 表的基本查询：单表查询、使用 WHERE 子句。
- 使用聚合函数查询：聚合函数、使用分组聚合查询。
- 连接查询：全连接、内连接、外连接、子查询、比较子查询。

5.6 项目实训 5　学生成绩数据库的查询

1. 实训目的

① 掌握使用命令行方式对数据库表进行单表查询。

② 掌握使用命令行方式对数据库表进行多表查询。

2. 实训内容

学生成绩管理系统 xscj 包含学生基本情况表（xs）、课程信息表（kc）和成绩表（xs_kc）。

① 对 xscj 数据库完成以下单表查询。

- 查询 xs 表中各个同学的姓名、籍贯和联系方式。
- 查询 xs 表中计算机系同学的学号、姓名和寝室号，结果中各列的标题分别指定为 number、name 和 room。
- 对 xs 表只选择籍贯和寝室号，消除结果集中的重复行。
- 查询 xs 表中不在 1997 年出生的学生情况。
- 查询 xs 表中学号为 2017030596 的学生的情况。
- 查询 xs 表中学号倒数第二个数字为 0 的学生学号、姓名及寝室号。
- 查询 xs 表中备注为空的学生的情况。
- 查询 xs 表中籍贯为湖北，性别为女（0）的学生的情况。
- 查询 xs_kc 表中 rj201829 和 rj201809 课程中大于 70 分的同学的记录。
- 查询 xs 表中姓“王”的学生学号、姓名及性别。

② 对 xscj 数据库完成以下多表查询。
- 查询所有学生选过的课程名和课程号。
- 查找选修了 rj201821 课程且成绩在 70 分以上的学生姓名及成绩。
- 查找选修了"大学英语"课程且成绩在 80 分以上的学生学号、姓名、课程名称及成绩。
- 查找课程不同、成绩相同的学生的学号、课程号和成绩。
- 查找选修了课程号为 rj201833 课程的学生的姓名和学号。

5.7 练习题

一、选择题

1. 下列用于查询记录的语句是（   ）。
   A. INSERT   B. SELECT   C. UPDATE   D. DELETE

2. 以下（   ）是查询语句 SELECT 选项的默认值。
   A. ALL   B. DISTINCT   C. DISTINCTROW   D. 以上答案都不正确

3. 以下（   ）在 SELECT 语句中对查询数据进行排序。
   A. WHERE   B. ORDER BY   C. LIMIT   D. GROUP BY

4. 以下与"price>=399 && price<=1399"功能相同的选项是（   ）。
   A. price BETWEEN 399 AND 1399   B. price IN(399,1399)
   C. 399<=price<=1399   D. 以上答案都不正确

5. 以下不是比较运算符的是（   ）。
   A. AND   B. ANY   C. ALL   D. SOME

6. 以下是聚合函数的是（   ）。
   A. DISTINCT   B. SUM   C. IF   D. TOP

7. 以下连接查询中，（   ）仅会保留符合条件的记录。
   A. 左外连接   B. 右外连接   C. 内连接   D. 自连接

8. 对 SELECT * FROM city LIMIT 5,10; 语句描述正确的是（   ）。
   A. 获取第 6 条到第 10 条记录   B. 获取第 5 条到第 10 条记录
   C. 获取第 6 条到第 15 条记录   D. 获取第 5 条到第 15 条记录

9. 在 SELECT * FROM student WHERE name LIKE '%晓%'; 语句中，WHERE 关键字表示的含义是（   ）。
   A. 条件   B. 在哪里   C. 模糊查询   D. 逻辑运算

10. 查询 tb_book 表中 userno 列的记录，并去除重复值的是（   ）。
    A. SELECT DISTINCT userno FROM tb_book;
    B. SELECT userno DISTINCT FROM tb_book;
    C. SELECT DISTINCT(userno) FROM tb_book;
    D. SELECT userno FROM DISTINCT tb_book;

二、练习题

1. 在学生信息数据库 studentInfo 中，查询学生表 student 中的所有女生记录。
2. 在学生信息数据库 studentInfo 中，查询课程表 course 中课时数在 30～80 的所有记录。
3. 在学生表 student 中按性别分组，求出每组学生的平均年龄。
4. 在学生表 student 中，输出年龄最大的女生的所有信息。
5. 在选课表 selectcourse 中，统计每位学生的平均成绩。
6. 查询计算机学院的全体同学的学号、姓名、班号、班名和系名。
7. 查询每位学生及其选修课程情况，要求显示学生学号、姓名、选修的课程号和成绩。

5.8 项目实训 5 考评

【学生成绩数据库的查询】考评记录

姓名		班级		项目评分	
实训地点		学号		完成日期	
	序号	考核内容		标准分	评分
项目实施步骤	1	完成学生成绩数据库的单表查询		15	
	2	带 WHERE 子句查询		10	
	3	使用聚合函数查询		15	
	4	使用分组聚合查询		10	
	5	完成学生成绩数据库的多表查询		15	
	6	进行子查询包括比较子查询		15	
	7	职业素养		20	
		实训管理：纪律、清洁、安全、整洁、节约等		5	
		团队精神：沟通、协作、互助、自主、积极等		5	
		学习反思：技能表达、反思内容		5	
教师评语					

拓展阅读

　　MySQL 与其他大型数据库（如 Oracle、DB2、SQL Server 等）相比，有其不足之处，但是这丝毫没有减少它受欢迎的程度。对于一般的个人使用者和中小型企业来说，MySQL 提供的功能已经绰绰有余，而且由于 MySQL 是开放源码软件，因此可以大大降低总体拥有成本。

　　Linux 作为操作系统，Apache 或 Nginx 作为 Web 服务器，MySQL 作为数据库，PHP/Perl/Python 作为服务器端脚本解释器。由于这四个软件都是免费或开放源码软件（FLOSS），因此使用这种方式不用花一分钱（除开人工成本）就可以建立起一个稳定、免费的网站系统，被业界称为 LAMP 或 LNMP 组合。

项目 6

创建与管理视图

6.1 项目描述

视图是派生表，派生表称为视图的基本表，简称基表。视图可以来源于一个或多个基表的行或列的子集，也可以是基表的统计汇总，或者是视图与基表的组合。本项目将完成图书借阅系统数据库中数据表视图的创建和管理，所创建的视图由 SELECT 语句构成，基于选择查询的虚拟表。视图中保存的仅仅是一条 SELECT 语句，视图中的数据是存储在基表中的，数据库中只存储视图的定义。

6.2 职业能力、素养目标

- 掌握视图的概念。
- 掌握视图的创建。
- 掌握视图的查看。
- 掌握修改视图定义和数据的方法。
- 掌握视图删除的方法。
- 能处理好自我与社会的关系，养成现代公民所必须遵守和履行的道德准则和行为规范。

6.3 相关知识

6.3.1 视图概述

视图是从一个或多个表（有时为与视图区别，又称表为基本表，即 Base Table）中导出的虚拟表。视图与基本表不同，视图是一个虚表，即视图所对应的数据不进行实际存储，数据库中只存储视图的定义，对视图的数据进行操作时，系统根据视图的定义去操作与视图相关联的基本表。

对视图的操作与对基本表的操作相似，可以使用 SELECT 语句查询数据，使用 INSERT、UPDATE、DELETE 语句修改记录。当对视图的数据进行修改时，相应基本表的数据也随之发生变化。同时，若基本表的数据发生变化，与之相关联的视图也随之变化。

视图只是保存在数据库中的 SELECT 查询，因此，对查询执行的大多数操作也可以在视图上进行。也就是说，视图只是给查询起了一个名字，把它作为对象保存在数据库中。只要使用简单的 SELECT 语句即可查看视图中查询的执行结果。视图是定义在基表上的，对视图的一切操作最终会转换为对基表的操作。

视图一经定义以后，就可以像表一样被查询、修改、删除和更新。使用视图有下列优点：

① 为用户集中数据，简化用户的数据查询和处理。有时用户所需要的数据分散在多个表中，定义视图可将它们集中在一起，从而方便用户的数据查询和处理。

② 屏蔽数据库的复杂性。用户不必了解复杂数据库中的表结构，并且数据库表的更改也不影响用户对数据库的使用。

③ 简化用户权限的管理。只需授予用户使用视图的权限，而不必指定用户只能使用表的特定列，也增加了安全性。

④ 便于数据共享。各用户不必都定义和存储自己所需的数据，可共享数据库的数据，这样同样的数据只需存储一次。

⑤ 可以重新组织数据以便输出到其他应用程序中。

6.3.2 视图的创建

视图是数据库的用户使用数据库的观点。例如，对于一个图书馆，其图书的借阅情况保存于数据库的一个或多个表中，而作为图书馆的不同职能部门，所关心的图书数据的内容是不同的。即使是同样的数据，也可能有不同的操作要求，于是就可以根据他们的不同需求，在物理的数据库上定义他们对数据库所要求的数据结构，这种根据用户观点所定义的数据结构就是视图。

视频

视图的创建

使用 CREATE VIEW 语句创建视图的语法格式如下：

```
CREATE [OR REPLACE]  VIEW 视图名 [(列名列表)]
AS   SELECT 语句
[WITH CHECK OPTION]
```

列名列表：要想为视图的列定义明确的名称，可使用可选的列名列表子句，列出由逗号隔开的列名。列名列表中的名称数目必须等于 SELECT 语句检索的列数。若使用与源表或视图中相同的列名时可以省略列名列表。

WITH CHECK OPTION：指出在可更新视图上所进行的修改都要符合 SELECT 语句所指定的限制条件，这样可以确保数据修改后，仍可通过视图看到修改的数据。

6.3.3 查看视图

查看视图是指在查看数据库中已经存在的视图定义，在查看视图之前，首先要确保用户具有 SHOW VIEW 权限。从不同的角度显示视图的信息，在 MySQL 中有多种方式可以查看视图信息。

① 使用 SHOW CREATE VIEW 语句查看视图，语法格式如下：

```
SHOW CREATE VIEW view_name
```

其中 SHOW CREATE VIEW 为查看视图定义信息所使用的固定语法结构；view_name 为要查看的视图名称。

② 使用 DESCRIBE 语句查看视图的定义，语法格式如下：

```
DESCRIBE | DESC view_name;
```

③ 查询 information_schem 数据库下的 views 表。语法格式如下：

```
SELECT  *   FROM  information_schema.views
     WHERE table_name="视图名";
```

6.3.4 修改视图

视图创建成功后，有时需要对其进行修改操作。可以对视图的数据进行修改，也可以对视图的结构进行修改。

1. 修改视图数据

创建视图后，可以使用该视图检索表中的数据，在满足条件的情况下还可以通过视图修改数据。由于视图是不存储数据的虚表，因此对视图中数据的修改，最终将转换为对视图所引用的基础表中数据的修改。

要通过视图更新基本表数据，必须保证视图是可更新视图，即可以在 INSERT、UPDATE 或 DELETE 等语句中使用它们。对于可更新的视图，在视图的行和基表中的行之间必须具有一对一的关系。

还有一些特定的其他结构，这类结构会使得视图不可更新。如果视图包含下述结构中的任何一种，那么它就是不可更新的：

① 聚合函数；
② DISTINCT 关键字；
③ GROUP BY 子句；
④ ORDER BY 子句；
⑤ HAVING 子句；
⑥ UNION 运算符；
⑦ 位于选择列表中的子查询；
⑧ FROM 子句中包含多个表；
⑨ SELECT 语句中引用了不可更新视图。

2. 修改视图定义

视图被创建后，若其关联的基本表的某些字段发生变化，则需要对视图进行修改，从而保持视图与基本表的一致性。MySQL 通过 CREATE OR REPLACE VIEW 语句和 ALTER VIEW 语句修改视图。使用 ALTER VIEW 语句修改已有视图定义的语法格式如下：

```
ALTER VIEW   view_name[列名1,列名2,…]
       AS SELECT 语句
             [WITH[CASCADED |LOCAL] CHECK OPTION]
```

6.3.5 删除视图

如果视图已经不需要再使用，就可以将其进行删除。删除视图使用的是 DROP VIEW 语句，该语句可以删除一个或多个视图，但是首先要保证用户具有该视图的 DROP 权限。

语法格式如下：

```
DROP VIEW [IF EXISTS] 视图名1 [,视图名2] …
```

6.4 项目实施

任务 6-1 创建视图

【例 6-1】创建 Bookstore 数据库上的 SX_BOOK 视图，包括史学类的所有图书情况。

```
CREATE VIEW  SX_BOOK
        AS
     SELECT   *
         FROM  Book
         WHERE   Book.类别='史学类';
```

创建的 SX_BOOK 视图如图 6-1 所示。

图书编号	书名	作者	出版日期	单价	类别	库存
ts2020017	汉书	班固	2009-01-03	230	史学类	30
ts2020018	资治通鉴	司马光	2000-07-09	218	史学类	50

图 6-1 创建的 SX_BOOK 视图

【例 6-2】创建 Bookstore 数据库上的 2018_JY 视图，包括 2018 年以后入库的所有图书借阅情况。

```
CREATE VIEW  2018_JY
        AS
     SELECT    *
         FROM  JY
         WHERE   year(入库日期)>=2018';
```

创建的 2018_JY 视图如图 6-2 所示。

图书编号	会员编号	入库日期	借出日期	归还日期
ts2020008	#hy00011	2019-11-05	2020-07-05	2020-08-05
ts2020011	#hy00015	2018-06-09	2019-08-12	2019-09-25
ts2020013	#hy00020	2019-06-08	2019-10-22	2019-12-25
ts2020014	#hy00018	2018-05-06	2019-11-23	2020-01-24

图 6-2 创建的 2018_JY 视图

【例 6-3】创建 Bookstore 数据库上的 WX_JY 视图，包括文学类图书借阅的图书编号、书名、单价、借出日期等信息。

```
CREATE VIEW WX_JY
       AS
  SELECT book.图书编号,书名,单价,借出日期
FROM    Book,jy
WHERE   Book.图书编号=jy.图书编号
AND     Book.类别='文学类';
```

创建的 WX_JY 视图如图 6-3 所示。

【例 6-4】创建 Bookstore 数据库中文学类图书借阅视图 jy_wx，包括书名（在视图中列名为 name）和该图书的单价（在视图中列名为 price）在 100 元以上的图书信息。

```
CREATE VIEW jy_wx(name, price)
     AS
  SELECT 书名,单价
        FROM    WX_JY
        GROUP BY 书名 HAVING 单价>=100;
```

创建的 JY_WX 视图如图 6-4 所示。

图 6-3 创建的 WX_JY 视图

图 6-4 创建的 jy_wx 视图

例 6-1 已经创建了文学类图书借阅视图 WX_JY，这里可以直接从 WX_JY 视图中查询信息生成新视图。

注意：只有在调用视图时，才会执行视图中的 SQL 语句，进行数据操作。视图的内容没有存储，而是在视图被引用时才派生出数据。这样不会占用空间，由于是即时引用，视图的内容与真实表的内容一致。

任务 6-2 查看视图

【例 6-5】查询 tsjy 数据库的中 wx_jy 视图的结构定义。SQL 语句如下：

```
SHOW CREATE VIEW wx_jy
```

执行结果如图 6-5 所示。

从图中可以看到，通过 SHOW CREATE VIEW 语句能够看到视图名称、视图的创建信息、字符集以及排序规则。

【例 6-6】使用 DESCRIBE 语句查看 tsjy 数据库中 wx_jy 视图的定义。SQL 语句如下：

```
DESC wx_jy;
```

执行结果如图 6-6 所示。

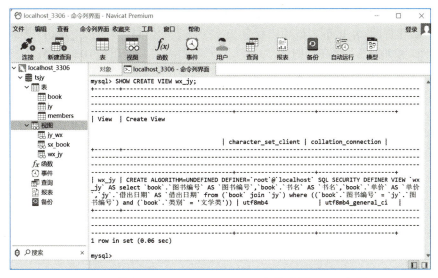

图 6-5　使用 SHOW CREATE VIEW 语句查看 wx_jy 视图

图 6-6　使用 DESCRIBE 语句查看 wx_jy 视图

【例 6-7】使用 information_schem 语句查询 tsjy 数据库中的 wx_jy 视图。

SQL 语句如下：

```
SELECT  *  FROM  information_schema.views WHERE table_name="wx_jy";
```

执行结果如图 6-7 所示。

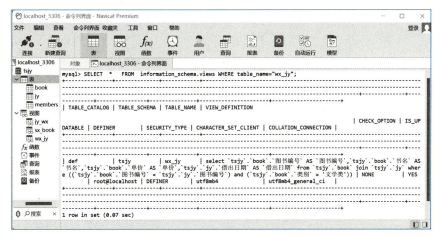

图 6-7　使用 information_schema 语句查看 wx_jy 视图

任务 6-3　修改视图

1. 使用 INSERT 语句通过视图向基本表插入数据

【例 6-8】创建视图 zx_book，视图中包含史学类图书的信息，并向 zx_book 视图中插入一条记录：('ts2020021','存在与时间','马丁·海德格尔','2016-10-01',58,'史学类',60)。

视频
修改视图

① 创建视图 zx_book：

```
CREATE OR REPLACE VIEW zx_book
AS
SELECT    *  FROM Book
    WHERE 类别 = '史学类';
```

② 执行成功后，使用 SELECT 语句查看该视图数据，SQL 语句如下：

```
SELECT   *  FROM  zx_book;
```

执行结果如图 6-8 所示。

图书编号	书名	作者	出版日期	单价	类别	库存
ts2020017	汉书	班固	2009-01-03	230	史学类	30
ts2020018	资治通鉴	司马光	2000-07-09	218	史学类	50

图 6-8　zx_book 视图数据

③ 向 zx_book 视图插入一条记录，SQL 语句如下：

```
INSERT INTO zx_book
    VALUES ('ts2020021','存在与时间','马丁·海德格尔','2016-10-01',58,'史学类',60);
```

成功执行上述语句后，使用 SELECT 语句查看该视图和 book 表中的数据，执行结果如图 6-9 所示。

图书编号	书名	作者	出版日期	单价	类别	库存
ts2020017	汉书	班固	2009-01-03	230	史学类	30
ts2020018	资治通鉴	司马光	2000-07-09	218	史学类	50
ts2020021	存在与时间	马丁·海德格尔	2016-10-01	58	史学类	60

3 rows in set (0.08 sec)

图书编号	书名	作者	出版日期	单价	类别	库存
ts2020001	三国演义	罗贯中	2006-10-01	108	文学类	50
ts2020002	红楼梦	曹雪芹	2007-12-02	110	文学类	40
ts2020003	呐喊	鲁迅	2001-05-06	42	文学类	45
ts2020004	彷徨	鲁迅	1999-06-25	53	文学类	40
ts2020005	朝花夕拾	鲁迅	2005-06-15	48	文学类	45
ts2020006	水浒传	施耐庵	2001-03-04	108	文学类	45
ts2020007	西游记	吴承恩	2009-11-03	110	文学类	(Null)
ts2020008	C语言程序设计	谭浩强	2017-07-20	33	计算机类	50
ts2020009	蛙	莫言	2009-12-01	25	小说	(Null)
ts2020010	计算机基础	刘锡轩	2012-08-01	58	计算机类	50
ts2020011	聊斋志异	蒲松龄	2001-03-20	86	文学类	30
ts2020012	数据库系统概论	希尔伯沙茨	2008-10-01	35	计算机类	(Null)
ts2020013	巴黎圣母院	雨果	2007-12-01	58	文学类	35
ts2020014	海底两万里	儒勒·凡尔纳	2006-06-19	56	文学类	52
ts2020015	地心游记	儒勒·凡尔纳	2019-01-01	17	文学类	45
ts2020016	世说新语	刘义庆	2004-01-02	57	文学类	40
ts2020017	汉书	班固	2009-01-03	230	史学类	30
ts2020018	资治通鉴	司马光	2000-07-09	218	史学类	50
ts2020021	存在与时间	马丁·海德格尔	2016-10-01	58	史学类	60

图 6-9　插入数据后视图和表中的数据更新

注意：当视图所依赖的基本表有多个时，不能向该视图插入数据，因为这将会影响多个基本表；对 INSERT 语句还有一个限制：SELECT 语句中必须包含 FROM 子句中指定表所有不能为空的列。

2. 使用 UPDATE 语句通过视图修改基本表的数据

在视图中更新数据与在基表中更新数据一样，都需要使用 UPDATE 语句。当视图中的数据来源于多个基表时，与插入操作一样，每次更新操作只能更新一个基表中的数据。通过视图修改存在于多个基表中的数据时，要分别对不同的基表使用 UPDATE 语句。在视图中使用 UPDATE 语句进行更新操作时也受到与进行插入操作时一样的限制。

【例 6-9】将 zx_book 视图中所有单价提高 5%。

```
UPDATE  zx_book
  SET 单价 = 单价*(1+0.05);
```

该语句实际上是将 zx_book 视图所依赖的基本表 book 中所有哲学类图书的单价也都提高了 5%。若一个视图依赖于多个基本表，则一次修改该视图只能变动一个基本表的数据。

【例 6-10】将 sx_book 视图中图书编号为 ts2020017 的出版日期改为 "2020-01-03"，单价改为 260。

```
UPDATE  sx_book
  SET 出版日期='2020-01-03',单价=260   WHERE 图书编号='ts2020017';
```

3. 使用 DELETE 语句通过视图删除基本表的数据

【例 6-11】删除 2018_jy 中图书编号为 "ts2020008" 的记录。

```
DELETE FROM 2018_jy
  WHERE 图书编号='ts2020008';
```

执行结果如图 6-10 所示。

图书编号	会员编号	入库日期	借出日期	归还日期
ts2020011	#hy00015	2018-06-09	2019-08-12	2019-09-25
ts2020013	#hy00020	2019-06-08	2019-10-22	2019-12-25
ts2020014	#hy00018	2018-05-06	2019-11-23	2020-01-24

图 6-10 DELETE 语句删除数据

注意：

① 对依赖于多个基本表的视图，不能使用 DELETE 语句。例如，不能通过对 wx_jy 视图执行 DELETE 语句而删除与之相关的基本表 book 及 jy 表的数据。

② 若要删除主码表中的数据，必须先删除外码表中的数据，否则 DELETE 语句无法执行。

任务 6-4　修改视图定义

【例 6-12】将 zx_book 视图修改为只包含哲学类图书的图书编号、书名和单价。

```
ALTER VIEW zx_book
  AS
SELECT 图书编号,书名,单价
   FROM  Book
      WHERE 类别 = '哲学';
```

【例 6-13】使用 DESC 查看 zx_book 视图中的字段。

```
DESC zx_book;
```

执行结果如图 6-11 所示。

由图 6-11 可知，zx_book 视图中的字段已成功被修改。

任务 6-5　删除视图

视频
删除视图

【例 6-14】使用 DROP VIEW 一次可删除多个视图。

```
DROP VIEW 2018_jy,jy_wx,sx_book,wx_jy,zx_book;
```

【例 6-15】使用 SHOW TABLES 语句查看视图是否删除成功。

```
SHOW TABLES;
```

执行结果如图 6-12 所示。

```
+----------+------------+------+-----+---------+-------+
| Field    | Type       | Null | Key | Default | Extra |
+----------+------------+------+-----+---------+-------+
| 图书编号 | char(9)    | NO   |     | NULL    |       |
| 书名     | varchar(20)| YES  |     | NULL    |       |
| 单价     | int(5)     | YES  |     | NULL    |       |
+----------+------------+------+-----+---------+-------+
3 rows in set (0.05 sec)
```

```
+----------------+
| Tables_in_tsjy |
+----------------+
| book           |
| jy             |
| members        |
+----------------+
3 rows in set (0.01 sec)
```

图 6-11　DESC 查看 zx_book 视图　　　　图 6-12　SHOW TABLES 语句查看删除视图结果

如图 6-12 所示，数据库中已经不存在视图，已被全部成功删除。

6.5　小结

本项目主要介绍了以下内容：
- 视图的创建：在单表、多表、视图的基础上创建视图。
- 查看视图：使用 SHOW CREATE VIEW 语句、DESCRIBE 语句、information_schem 查看视图的定义结构等。
- 修改视图：通过 INSERT、UPDATE 或 DELETE 等语句修改视图的数据；通过 CREATE OR REPLACE VIEW 语句和 ALTER VIEW 语句修改视图的结构。
- 删除视图：通过 DROP VIEW 语句删除一个或多个视图。

6.6　项目实训 6　学生成绩数据库视图的操作

1. 实训目的
① 掌握使用命令行方式和图形界面管理工具创建视图的方法。
② 掌握使用命令行方式和图形界面管理工具修改视图的方法。

2. 实训内容
学生成绩管理系统 xscj 包含学生基本情况表（xs）、课程信息表（kc）和成绩表（xs_kc）。对

xscj 数据库完成以下视图的操作。

① 创建选修了课程号为 rj201809 的 cs_kc 视图，包括学生学号、选修课的课程号及成绩。

② 创建 xscj 数据库上的学生平均成绩视图 cs_kc_avg，包括学号（在视图中列名为 num）和平均成绩（在视图中列名为 score_avg）。

③ 在视图 cs_kc 中查找学生的学号和选修课的课程号。

④ 查找平均成绩在 80 分以上的学生的学号和平均成绩。

⑤ 创建籍贯为广西的视图 cs_xs，视图中包含学生信息，并向 cs_xs 视图中插入一条记录：('2017030900',' 王方 ',' 女 ',' 广西 ','1990-10-10', 718, NULL, NULL)。

⑥ 将 cs_xs 视图中所有学生的备注改为"GX"。

⑦ 将 xscj 中学号为 2017030630 学生的 rj201829 课程成绩改为 90。

⑧ 删除 cs_xs 中女同学的记录。

6.7 练习题

一、选择题

1. 下面关于视图的说法中不正确的是（　　）。
   A. 视图对应二级模式结构的外模式　　B. 视图是虚表
   C. 使用视图可以加快查询语句的执行速度　　D. 使用视图可以简化查询语句的编写

2. 以下操作可用于创建视图的是（　　）。
   A. UPDATE　　B. DELETE　　C. INSERT　　D. SELECT

3. 下面关于视图的说法正确的是（　　）。
   A. 视图没有表结构文件　　B. 视图中不保存数据
   C. 视图仅能查询数据　　D. 以上说法都不正确

4. 下列关于视图和表的说法正确的是（　　）。
   A. 每个视图对应一个表
   B. 视图是表的一个镜像备份
   C. 对所有视图都可以像表一样执行 UPDATE 操作
   D. 视图的数据全部在表中

5. SQL 的视图是从（　　）中导出的。
   A. 基表　　B. 视图　　C. 基表或视图　　D. 数据库

6. 在 tb_name 表中创建一个名为 name_view 的视图，并设置视图的属性为 name、pwd、user，执行语句是（　　）。
   A. CREATE VIEW name_view(name,pwd,user) AS SELECT name,pwd,user FROM tb_name;
   B. SHOW VIEW name_view(name,pwd,user) AS SELECT name,pwd,user FROM tb_name;
   C. DROP VIEW name_view(name,pwd,user) AS SELECT name,pwd,user FROM tb_name;
   D. SELECT * FROM name_view(name,pwd,user) AS SELECT name,pwd,user FROM tb_name;

二、操作题

1. 在 studentInfo 数据库的 student 表上创建一个名为 view_student 的视图，要求该视图包含 student 表中所有列、所有学生记录，并且要求保证今后对该视图数据的修改都必须符合这个条件。
2. 使用视图 view_student 查询学生"刘慧语"的基本情况。

6.8 项目实训 6 考评

【学生成绩数据库视图的操作】考评记录

	姓名		班级		项目评分	
	实训地点		学号		完成日期	
	序号		考核内容		标准分	评分
项目实施步骤	1	完成学生成绩数据库视图的创建，分别在单表、多表、视图上创建视图			25	
	2	查看视图的三种方法			15	
	3	修改视图数据			15	
	4	修改视图定义			15	
	5	删除视图记录			5	
	6	删除视图			5	
	7	职业素养			20	
		实训管理：纪律、清洁、安全、整洁、节约等			5	
		团队精神：沟通、协作、互助、自主、积极等			5	
		学习反思：技能表达、反思内容			5	
教师评语						

拓展阅读

云数据库是部署和虚拟化于云计算环境中的数据库。云数据库是在云计算的大背景下发展起来的一种新兴的共享基础架构的方法，它极大地增强了数据库的存储能力，消除了人员、硬件、软件的重复配置，让软、硬件升级变得更加容易。云数据库具有高可扩展性、高可用性，采用多租形式和支持资源的有效分发等特点。云数据库立足于互联网领域，提供包括云主机、云托管、云存储等基础云服务、超算、内容分发与加速、视频托管与发布、企业 IT、云电脑、云会议、游戏托管、应用托管等服务和解决方案。云数据库通过基于浏览器的云管理平台，以互联网线上自助服务的方式，为用户提供云计算 IT 基础设施服务。

项目 7

创建与管理索引

7.1 项目描述

在关系数据库中，视图和索引主要起到辅助查询和组织数据的功能，通过使用它们，可以大大提高查询数据的效率。视图和索引的主要区别是：视图将查询语句压缩，将大量查询放在服务端，客户端只需要输入要查询的信息，不用写出大量代码；而索引的作用类似于目录，使得查询更快速、更高效，适用于访问大型数据库。

MySQL 索引的建立对于 MySQL 的高效运行是很重要的，索引可以大大提高 MySQL 的检索速度。日常生活中也非常常见，一本书的目录就是索引，我们可以按章节快速翻阅到目标页；新华字典的目录也是如此，可以按拼音、笔画、偏旁部首等排序的目录（索引）快速查找到需要的字。本次项目将在图书借阅系统（tsjy）的三个表中完成索引的创建及管理，以便快速高效地对数据进行操作。

7.2 职业能力、素养目标

- 理解索引的概念和作用。
- 熟练掌握创建和管理索引的 SQL 语句的语法。
- 能使用图形管理工具和命令方式实现索引的创建、修改和删除。
- 学会学习，乐学善学，勤于反思，掌握与数据库系统有关系统架构全链条技术。

7.3 相关知识

7.3.1 索引概述

视频
索引概述

在关系数据库中，索引是一种可以加快数据检索的数据结构，主要用于提高性能，因为检索可以从大量的数据中迅速找到所需要的数据，不再需要检索整个数据库，从而大大提高检索的效率。

1. 索引的含义和特点

索引用来快速地寻找那些具有特定值的记录，如果没有索引，执行查询时 MySQL 必须从第一条记录开始扫描整个表的所有记录，直至找到符合要求的记录。表中的记录数量越多，这个操作的代价就越高。

索引是一个单独的、物理的、存储在磁盘上的数据库结构，是对数据库某个表中一列或多列的值进行排序的一种结构，它包含列值的集合以及标识这些值所在数据页的逻辑指针清单。索引存放在单独的索引页面上。

索引提供指针以指向存储在表中指定列的数据值，然后根据指定的排序次序排列这些指针。数据库通过搜索索引找到特定的值，然后跟随指针到达包含该值的行。当进行数据检索时，系统先搜索索引页面，从中找到所需数据的指针，再通过指针从数据页面中读取数据。使用索引可以快速找出在某个或多个列中有一特定值的列，所有 MySQL 列类型都可以被索引，对列使用索引是提高查询操作速度的最佳途径。

如果作为搜索条件的列上已经创建了索引，MySQL 无须扫描任何记录即可迅速得到目标记录所在的位置。索引一旦创建，将由数据库自动管理和维护。例如，向表中插入、修改和删除一条记录时，数据库会自动在索引中做出相应的修改。在编写 SQL 查询语句时，具有索引的表与不具有索引的表没有任何区别，索引只是提供一种快速访问指定记录的方法。在 MySQL 中，当执行查询时，查询优化器会对可用的多种数据检索方法的成本进行估计，从中选用最有效的查询计划。

索引分单列索引和组合索引。单列索引，即一个索引只包含单个列，一个表可以有多个单列索引，但这不是组合索引。组合索引，即一个索引包含多个列。

2. 索引的分类

按照不同的分类标准，MySQL 的索引有多种分类形式。

1）按用途分类

（1）普通索引（INDEX）

这是最基本的索引类型，它没有唯一性之类的限制。创建普通索引的关键字是 INDEX。

在创建普通索引时，不附加任何限制条件，只是用于提高查询效率，这类索引可以创建在任何数据类型中，其值是否唯一和非空，要由字段本身的完整性约束条件决定。建立索引后，可以通过索引进行查询。

（2）唯一索引（UNIQUE）

这种索引和前面的普通索引基本相同，但有一个区别：索引列的所有值都只能出现一次，即必须是唯一的。创建唯一索引的关键字是 UNIQUE。

使用 UNIQUE 参数可以设置索引为唯一索引，在创建唯一索引时，限制该索引的值必须是唯

一的，但允许有空值，在一张数据表中可以有多个唯一索引

（3）主键索引（PRIMARY KEY）

主键索引就是一种特殊的唯一索引，在唯一索引的基础上增加了不为空的约束，一张表中最多只有一个唯一索引。这是由主键索引的物理实现方式决定的，因为数据存储在文件中只能按照一种顺序进行存储。

主键索引必须指定为 PRIMARY KEY。主键一般在创建表时指定，也可以通过修改表的方式加入主键。

（4）全文索引（FULLTEXT）

全文索引（又称全文检索）是目前所有引擎使用的一种关键技术，它能够利用分词技术等多种算法智能分析出文本文字中关键词的频率和重要性，然后按照一定的算法规则智能地筛选出用户想要的搜索结果，全文索引非常适合大型数据集，对于小型数据集的用处比较小。

MySQL 支持全文检索和全文索引。使用参数 FULLTEXT 可以设置索引为全文索引。在定义索引的列上支持值的全文查找时，允许这些索引列中插入重复值和空值。全文索引只能创建在 CHAR、VARCHAR、TEXT 类型上，查询数据量较大的字符串类型的字段时，使用全文索引可以提高查询效率。

2）按索引列的个数分类

在实际使用中，索引通常被创建成单列索引和多列索引。

（1）单列索引

单列索引就是索引只包含原表的一个列。在表中的单个字段上创建索引，单列索引只根据该字段进行索引。

单列索引可以是普通索引，也可以是唯一索引，还可以是全文索引。只要保证该索引只对应一个字段即可。

（2）多列索引

多列索引又称复合索引或组合索引。相对于单列索引来说，多列索引是将原表的多个列共同组成一个索引。多列索引是在表的多个字段上创建一个索引。该索引指向创建时对应的多个字段，可以通过这几个字段进行查询。但是，只有查询条件中使用了这些字段中第一个字段时，索引才会被使用。

3. 索引的设计原则

① 针对数据量较大，且查询比较频繁的表建立索引（上百万条数据）。

② 针对常作为查询条件（WHERE）、排序（ORDER BY）、分组（GROUP BY）操作的字段建立索引。

③ 尽量选择区分度高的列作为索引，尽量建立唯一索引，区分度越高，使用索引的效率越高。

④ 如果是字符串类型的字段，字段的长度较长，可以针对字段的特点，建立前缀索引。

⑤ 尽量使用联合索引，减少单列索引，查询时，联合索引很多时候可以覆盖索引，节省存储空间，避免回表，提高查询效率。

⑥ 要控制索引的数量，索引并不是多多益善，索引越多，维护索引结构的代价就越大，会影响增加、删除、修改的效率。

⑦ 如果索引列不能存储 NULL 值，可在创建表时使用 NOT NULL 约束它，当优化器知道每列是否包含 NULL 值时，它可以更好地确定哪个索引最有效地用于查询。

7.3.2 创建索引

创建索引

1. 创建表时创建索引

索引可以在创建表时一起创建。在创建表的 CREATE TABLE 语句中可以包含索引的定义。

语法格式：

```
CREATE TABLE 表名 (列名,… | [索引项])
```

其中，索引项语法格式如下：

```
PRIMARY KEY (列名,…)                    /*主键*/
| {INDEX | KEY} [索引名] (列名,…)        /*索引*/
| UNIQUE [INDEX] [索引名] (列名,…)       /*唯一索引*/
| [FULLTEXT] [INDEX] [索引名] (列名,…)   /*全文索引*/
```

说明：KEY 通常是 INDEX 的同义词。在定义列选项时，也可以将某列定义为 PRIMARY KEY，但是当主键是由多个列组成的多列索引时，定义列时无法定义此主键，必须在语句最后加上一个 PRIMARY KEY(列名，…)子句。

【例 7-1】创建 sell_copy 表的语句如下，sell_copy 表带有身份证号和图书编号的联合主键，并在订购册数列上创建索引。

```
CREATE TABLE sell_copy (
    身份证号      CHAR(18)    NOT NULL,
    图书编号      CHAR(20)    NOT NULL,
    订购册数      INT(5),
    订购时间      DATETIME,
    PRIMARY KEY(身份证号，图书编号),
    INDEX dgcs(订购册数)
);
```

执行结果如图 7-1 所示。

图 7-1 创建带索引的数据表

【例 7-2】查看 SELL_COPY 表的索引。

```
SHOW INDEX FROM SELL_COPY;
```

执行结果如图 7-2 所示。

项目 7　创建与管理索引

Table	Non_unique	Key_name	Seq_in_index	Column_name	Collation	Cardinality	Sub_part	Packed	Null	Index_type
sell_copy	0	PRIMARY	1	身份证号	A	0	(Null)	(Null)		BTREE
sell_copy	0	PRIMARY	2	图书编号	A	0	(Null)	(Null)		BTREE
sell_copy	1	dgcs	1	订购册数	A	0	(Null)	(Null)	YES	BTREE

图 7-2　查看 SELL_COPY 表的索引

2. 在已经存在的表上创建索引

1) 使用 CREATE INDEX 语句

使用 CREATE INDEX 语句可以在一个已有表上创建索引，一个表可以创建多个索引。

语法格式：

```
CREATE [UNIQUE | FULLTEXT] INDEX 索引名
ON 表名(列名[(长度)] [ASC | DESC],…)
```

说明：

- 索引名：索引的名称，索引名在一个表中名称必须是唯一的。
- 列名：表示创建索引的列名。
- 长度：表示使用列的前多少个字符创建索引。使用列的一部分创建索引可以使索引文件大大减小，从而节省磁盘空间。BLOB 或 TEXT 列必须用前缀索引。
- UNIQUE：UNIQUE 表示创建的是唯一性索引。
- FULLTEXT：FULLTEXT 表示创建全文索引。
- ASC|DESC：规定索引按升序（ASC）或降序（DESC）排列，默认值为 ASC。
- CREATE INDEX 语句并不能创建主键。

【例 7-3】根据 book 表的书名列上的前 6 个字符建立一个升序索引 name_book。

```
CREATE INDEX  name_book
ON   book(书名(6)  ASC);
```

执行结果如图 7-3 所示。

图 7-3　创建单列普通索引

使用 SHOW INDEX FROM book 查看索引，结果如图 7-4 所示。

Table	Non_unique	Key_name	Seq_in_index	Column_name	Collation	Cardinality	Sub_part	Packed	Null	Index_type
book	0	PRIMARY	1	图书编号	A	18	(Null)	(Null)		BTREE
book	1	name_book	1	书名	A	18	6	(Null)	YES	BTREE

图 7-4　查看 book 表的索引

也可以在一个索引的定义中包含多个列，中间用逗号隔开，但是它们要属于同一个表。这样的索引称为组合索引。

【例 7-4】在 jy 表的会员编号列和图书编号列上建立一个组合索引 user_book。

```
CREATE INDEX  user_book
ON    jy(用户号,图书编号);
```

执行结果如图 7-5 所示。

图 7-5　创建组合索引

使用 SHOW INDEX FROM jy 查看索引，结果如图 7-6 所示。

Table	Non_unique	Key_name	Seq_in_index	Column_name	Collation	Cardinality	Sub_part	Packed	Null	Index_type
jy	1	user_book	1	会员编号	A	13	(Null)	(Null)		BTREE
jy	1	user_book	2	图书编号	A	18	(Null)	(Null)		BTREE

图 7-6　查看 jy 表的索引

视频

使用ALTER TABLE语句

2）使用 ALTER TABLE 语句

使用 ALTER TABLE 语句修改表，其中包括向表中添加索引。

语法格式：

```
ALTER TABLE  表名
ADD INDEX [索引名] (列名,…)               /*添加索引*/
| ADD PRIMARY KEY [索引方式] (列名,…)     /*添加主键*/
| ADD UNIQUE [索引名] (列名,…)            /*添加唯一索引*/
| ADD FULLTEXT [索引名] (列名,…)          /*添加全文索引*/
```

【例 7-5】在 book 表的书名列上创建一个普通索引。

```
ALTER TABLE book
    ADD INDEX sm_book (书名);
```

执行结果如图 7-7 所示。

图 7-7　修改数据表添加普通索引

使用 SHOW INDEX FROM book 查看索引，结果如图 7-8 所示。

项目 7　创建与管理索引

图 7-8　查看 book 表的索引

【例 7-6】假设 book 表中主键未定，为 book 表创建以图书编号为主键索引，出版社和出版时间为复合索引，以加速表的检索速度。

```
ALTER TABLE book
ADD PRIMARY KEY(图书编号),
ADD INDEX mark(出版社,出版时间);
```

例 7-6 中，既包括 PRIMARY KEY，也包括复合索引，说明 MySQL 可以同时创建多个索引。注意，使用 PRIMARY KEY 的列，必须是一个具有 NOT NULL 属性的列。

执行结果如图 7-9 所示。

图 7-9　修改数据表添加主键和组合索引

使用 SHOW INDEX FROM book 查看索引，结果如图 7-10 所示。

图 7-10　查看 book 表的索引

7.3.3　删除索引

1. 使用 DROP INDEX 语句删除索引

语法格式：

```
DROP INDEX 索引名 ON 表名
```

【例 7-7】删除 book 表上的 SM_BOOK 索引。

```
DROP INDEX SM_BOOK ON book;
```

执行结果如图 7-11 所示。

图 7-11 删除 book 表中指定索引

使用 SHOW INDEX FROM book 查看索引，结果如图 7-12 所示。

Table	Non_unique	Key_name	Seq_in_index	Column_name	Collation	Cardinality	Sub_part	Packed	Null	Index_type
book	0	PRIMARY	1	图书编号	A	18	(Null)	(Null)		BTREE
book	1	name_book	1	书名	A	18	6	(Null)	YES	BTREE
book	1	mark	1	作者	A	16	(Null)	(Null)	YES	BTREE
book	1	mark	2	出版日期	A	18	(Null)	(Null)	YES	BTREE

图 7-12 删除索引后查看 book 表的索引

2. 使用 ALTER TABLE 语句删除索引

语法格式：

```
ALTER [IGNORE] TABLE 表名
    | DROP PRIMARY KEY        /*删除主键*/
    | DROP INDEX 索引名        /*删除索引*/
```

【例 7-8】删除 book 表上的主键和 MARK 索引。

```
ALTER TABLE book
    DROP PRIMARY KEY,
    DROP INDEX MARK;
```

执行结果如图 7-13 所示。

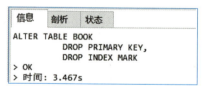

图 7-13 删除 book 表中指定索引

使用 SHOW INDEX FROM book 查看索引，结果如图 7-14 所示。

Table	Non_unique	Key_name	Seq_in_index	Column_name	Collation	Cardinality	Sub_part	Packed	Null	Index_type
book	1	name_book	1	书名	A	18	6	(Null)	YES	BTREE

图 7-14 删除索引后查看 book 表的索引

如果从表中删除了列，则索引可能会受到影响。如果所删除的列为索引的组成部分，则该列也会从索引中删除。如果组成索引的所有列都被删除，则整个索引将被删除。

7.4 项目实施

任务 7-1　使用图形界面操作索引

使用图形界面操作索引对于初学者而言相对简单，下面讲述如何使用 Navicat 软件创建、修改和删除索引。

下面以 book 表为例进行讲解。

① 在图形界面的左侧列表中右击 book 表，在弹出的快捷菜单中选择“设计表”命令，打开图 7-15 所示界面。

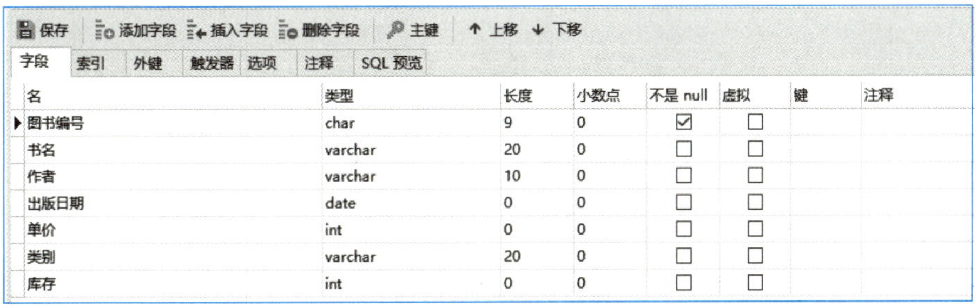

名	类型	长度	小数点	不是 null	虚拟	键	注释
图书编号	char	9	0	☑	☐		
书名	varchar	20	0	☐	☐		
作者	varchar	10	0	☐	☐		
出版日期	date	0	0	☐	☐		
单价	int	0	0	☐	☐		
类别	varchar	20	0	☐	☐		
库存	int	0	0	☐	☐		

图 7-15　“设计表”选项的默认界面

② 图 7-15 是“设计表”选项的默认界面（默认显示“字段”界面），此时需要选择“索引”界面，之后会出现图 7-16 所示的设计索引界面。

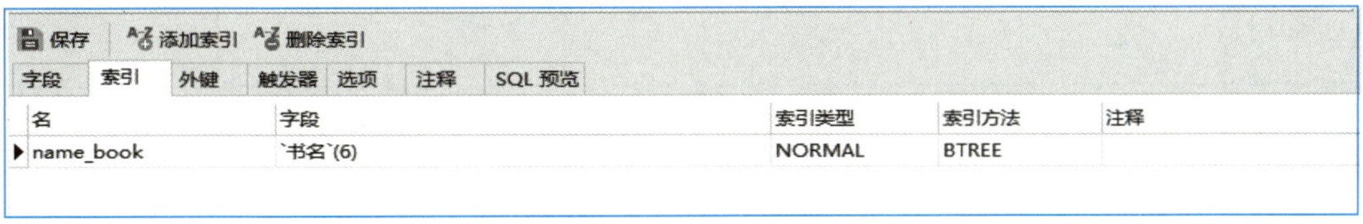

名	字段	索引类型	索引方法	注释
name_book	\`书名\`(6)	NORMAL	BTREE	

图 7-16　设计索引界面

在图 7-16 中可以看到“添加索引”和“删除索引”按钮，分别用于添加索引和删除索引。

③ 下面为表中的 图书编号字段添加一个唯一索引。

首先单击“添加索引”按钮，然后分别编辑该索引的“（索引）名”、“字段”（可以多选）、“索引类型”（包括 FULLTEXT、NORMAL、SPATIAL 和 UNIQUE，其中 NORNAL 表示普通索引）、“索引方法”（包括 BTREE 和 HASH，由于表的存储引擎为 InnoDB，所以如果不选择则默认为 BTREE）以及“注释”。最后单击“保存”按钮进行保存即可，保存的索引详细信息如图 7-17 所示。

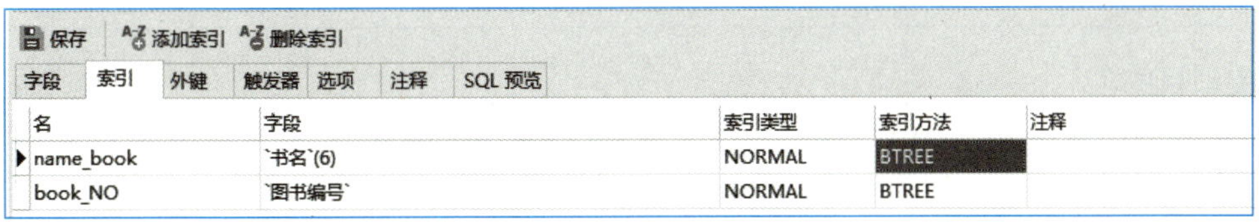

名	字段	索引类型	索引方法	注释
name_book	\`书名\`(6)	NORMAL	BTREE	
book_NO	\`图书编号\`	NORMAL	BTREE	

图 7-17　使用图形界面添加索引

④ 如果想要修改索引名、字段和索引类型等信息，可以直接单击对应项的值进行修改，然后保存即可。以修改字段为例，将索引的字段修改为"图书编号"。

首先选中"字段"一栏中的值，然后直接双击该字段，弹出图 7-18 所示的对话框。

在图 7-18 中可以看到相应的按钮，上下方向键可以调整字段的顺序，"+"和"−"可以增加或删除字段。

想要将字段修改为同其他字段，需要先单击"−"按钮删除原有的字段，然后单击"+"按钮，在下拉列表中选择其他字段，如图 7-19 所示。

图 7-18　修改字段对话框

图 7-19　在下拉列表中选择索引字段

最后单击"确定"按钮，对修改进行保存。

⑤ 删除某个索引时，只需选中该索引，然后单击"删除索引"按钮，并在弹出的对话框中单击"删除"按钮即可。

7.5　小结

通过对数据表索引的创建与管理，本项目主要介绍了以下内容：
- 索引的含义和特点、索引的分类、索引的设计原则。
- 创建索引的基本操作：创建表时创建索引、在已经存在的表上创建索引。
- 删除索引。
- 使用图形界面进行索引操作。

7.6　项目实训 7　学生成绩管理数据库索引的操作

1. 实训目的
① 掌握使用命令行方式和图形界面管理工具创建索引的方法。
② 掌握使用命令行方式和图形界面管理工具删除索引的方法。

2. 实训内容
按要求对 xscj 库建立相关索引：

① 使用 CREATE INDEX 命令创建索引：
- 对 xs 表中的寝室号列创建普通索引 room_ind。
- 对 xs 表中的学号 + 姓名列创建复合索引 idname_ind。
- 对 kc 表中的课程编号列创建唯一索引。

② 使用 ALTER TABLE 命令添加索引：
- 对 xs_kc 表中的学号 + 课程编号列添加一个复合索引 xk_ind。
- 对 xs 表中的学号列添加唯一索引。

7.7 练习题

一、简答题

1. 简述索引文件是如何加快查找速度的。
2. 简述索引对查询的影响以及索引的弊端。

二、缩写 SQL 命令

1. 根据 xs 表的学号列上的前 5 个字符建立一个升序索引 xh_xs。
2. 在 xs 表的姓名列上创建一个非唯一索引。
3. 以 xs 表为例（假设 xs 表主键未定），创建主键索引，以加速表的检索速度。
4. 删除 xs 表上的主键。

7.8 项目实训 7 考评

【学生成绩管理数据库索引的操作】考评记录

姓名		班级		项目评分	
实训地点		学号		完成日期	

	序号	考核内容	标准分	评分
项目实现步骤	1	使用命令行方式创建索引	15	
	2	使用图形界面管理工具创建索引	15	
	3	使用命令行方式删除索引	15	
	4	使用图形界面管理工具删除索引	15	
	5	掌握按索引的用途分类的方法	10	
	6	掌握按索引列的个数分类的方法	10	
	7	职业素养	20	
		实训管理：纪律、清洁、安全、整洁、节约等	5	
		团队精神：沟通、协作、互助、自主、积极等	5	
		学习反思：技能表达、反思内容	5	
教师评语				

拓展阅读

1. 索引的弊端

首先，索引是以文件的形式存储的，索引文件要占用磁盘空间。如果有大量的索引，索引文件可能会比数据文件更快地达到最大的文件尺寸。

其次，在更新表中索引列上的数据时，对索引也需要更新，这可能需要重新组织一个索引，如果表中的索引很多，这是很浪费时间的。也就是说，这样就降低了添加、删除、修改和其他写入操作的效率。表中的索引越多，则更新表的时间就越长。

但是这些弊端并不妨碍索引的应用，因为索引带来的好处已经基本掩盖了它的缺陷，在表中有很多行数据的时候，索引通常是不可缺少的。

2. 索引的优势

目前本书实例中所涉及的表最多只有几十行数据，建立索引查询，还体会不到查询速度上的差异，可是当一个表里有成千上万行数据时，差异就非常明显了。假设一个表中只有一列，由数值1~1000的1000行组成，现在要想查找到数字1000所在的行。如果没有索引，要从第一行开始匹配，若数值不是1000，则转到下一行进行匹配，这样直到第1000行的时候才能找到数字1000所在行，也就是说服务器进行了1000次运算。而当在该列上创建一个索引后，则可以直接在索引值中找到1000的位置，然后找到1000所指向的行，在速度上比全表扫描至少快了很多倍。当执行涉及多个表的连接查询时，索引将更有价值。

项目 8

数据库编程

8.1 项目描述

为了用户编程的方便，MySQL 也增加了一些自己特有的语言元素，这些元素不是 SQL 标准所包含的内容，包括常量、变量、运算符、函数和流程控制语句等。本项目将在图书借阅系统（tsjy）的表中完成数据库编程的基本操作，要求使用流程控制语句。

8.2 职业能力、素养目标

- 掌握 MySQL 的常量、变量、运算符和表达式。
- 掌握 MySQL 的流程控制语句。
- 掌握系统内置函数。
- 以科研项目实践与业界现状介绍，融入国家认同与国际理解。

8.3 相关知识

8.3.1 MySQL 简介

SQL（Structured Query Language，结构化查询语言）用于管理"关系数据库系统"（RDBMS）。SQL 的范围包括数据插入、查询、更新和删除，数据库模式创建和修改，以及数据访问控制。MySQL 数据库在数据的存储、查询及更新时所使用的的语言是遵守 SQL 标准的。

8.3.2 常量和变量

1. 常量

1）字符串常量

字符串是指用单引号或双引号括起来的字符序列，分为 ASCII 字符串常量和 Unicode 字符串常量。

ASCII 字符串常量是用单引号括起来的，由 ASCII 字符构成的符号串，如 'hello'、'How are you!'。

Unicode 字符串常量与 ASCII 字符串常量相似，但它前面有一个 N 标志符（N 代表 SQL-92 标准中的国际语言(National Language))。N 前缀必须为大写。只能用单引号括起字符串，如 N'hello'、N'How are you!'。

Unicode 数据中的每个字符用 2 字节存储，而每个 ASCII 字符用 1 字节存储。

在字符串中不仅可以使用普通字符，也可使用转义序列，它们用来表示特殊的字符。例如：

```
SELECT 'This\nIs\nFour\nLines';
```

其中，"\n" 表示回车。

2）数值常量

数值常量可以分为整数常量和浮点数常量。

整数常量即不带小数点的十进制数，如 1984、2、+12345、-54321。

浮点数常量即带小数点的数值常量，如 5.23、-1.39、0.5E-2、101.5e5。

3）日期时间常量

日期时间常量：用单引号将表示日期时间的字符串括起来构成。日期型常量包括年、月、日，数据类型为 DATE，如 '1999-06-17' 等。

时间型常量包括小时数、分钟数、秒数及微秒数，数据类型为 TIME，如 '12:30:43.00013'。

日期/时间的组合，数据类型为 DATETIME 或 TIMESTAMP，如 '1999-06-17 12:30:43'。

4）布尔值

布尔值只包含两个可能的值：TRUE 和 FALSE。

FALSE 的数字值为 "0"，TRUE 的数字值为 "1"。

5）NULL 值

NULL 值可适用于各种列类型，它通常用来表示"没有值""无数据"等意义，并且不同于数字类型的 "0" 或字符串类型的空字符串。

2. 变量

变量用于临时存放数据，变量有名字及其数据类型两个属性，变量名用于标识该变量，变量的数据类型确定了该变量存放值的格式及允许的运算。在 MySQL 中，根据变量的定义方式，变量可分为用户变量和系统变量。

1）用户变量

用户可以在表达式中使用自己定义的变量，这样的变量称为用户变量。它和连接有关，即用户变量仅对当前用户使用的客户端生效，不能被其他客户端看到和使用。如果当前客户端退出，则该客户端连接的所有用户变量将自动释放。用户变量在使用前如果使用没有初始化的变量，它的值为 NULL。

用户变量由符号 @ 和变量名组成，在使用之前，必须对其进行定义和初始化。

MySQL 中为用户变量赋值的方式有以下 3 种：

① 使用 SET 语句完成赋值。
② 在 SELECT 语句中使用赋值符号 "=" 完成赋值。
③ 使用 SELECT…INTO 语句完成赋值。

定义和初始化一个变量可以使用 SET 语句。语法格式：

```
SET  @user_variable1=expression1
[,user_variable2= expression2 , …]
```

其中，user_variable1、user_variable2 为用户变量名，变量名可以由当前字符集的文字数字字符、"."、"_" 和 "$" 组成。

【例 8-1】创建用户变量 name 并赋值为 "王林"。

```
SET @name='王林';
```

执行结果如图 8-1 所示。

还可以同时定义多个变量，中间用逗号隔开。

【例 8-2】创建用户变量 user1 并赋值为 1，user2 赋值为 2，user3 赋值为 3。

```
SET @user1=1, @user2=2, @user3=3;
```

执行结果如图 8-2 所示。

图 8-1　定义用户变量并赋值　　　　图 8-2　同时定义多个用户变量并赋值

定义用户变量时变量值可以是一个表达式。

【例 8-3】创建用户变量 user4，它的值为 user3 的值加 1。

```
SET @user4=@user3+1;
```

执行结果如图 8-3 所示。

在一个用户变量被创建后，它可以一种特殊形式的表达式用于其他 SQL 语句中。变量名前面也必须加上符号 @。

【例 8-4】创建并查询用户变量 name 的值。

```
SET @name='王林';
SELECT @name;
```

执行结果如图 8-4 所示。

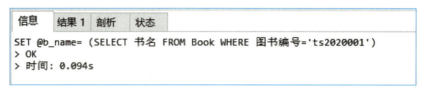

图 8-3　定义用户变量赋值表达式 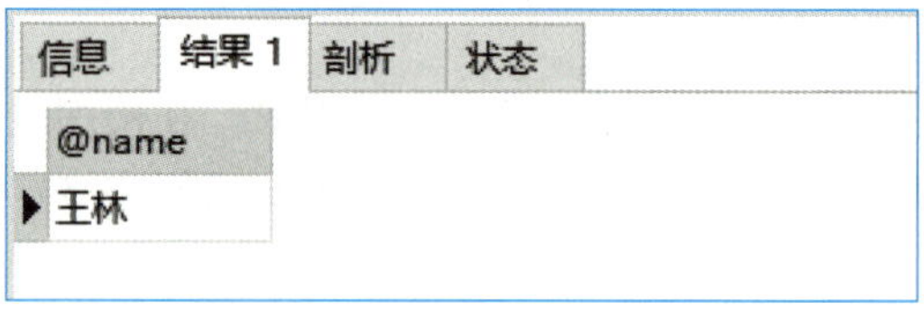　　　　　图 8-4　定义用户变量并查看

【例 8-5】查询 book 表中图书编号为"TS2020001"的书名，并存储在变量 b_name 中。

```
SET @b_name= (SELECT 书名 FROM book WHERE 图书编号='TP302/057');
```

执行结果如图 8-5 所示。

图 8-5　设置用户变量并赋值

【例 8-6】查询 book 表中名字等于例 8-5 中 b_name 值的图书信息。

```
SELECT * FROM book  WHERE 书名=@b_name;
```

执行结果如图 8-6 所示。

图 8-6　在查询语句中使用变量

2）系统变量

MySQL 有一些特定的设置，当 MySQL 数据库服务器启动时，这些设置被读取来决定下一步骤。例如，有些设置定义了数据如何被存储，有些设置则影响处理速度，还有些与日期有关，这些设置就是系统变量。和用户变量一样，系统变量也是一个值和一个数据类型，但不同的是，系统变量在 MySQL 服务器启动时就被引入并初始化为默认值。

【例 8-7】获得现在使用的 MySQL 版本。

```
SELECT @@VERSION ;
```

执行结果如图 8-7 所示。

说明：在 MySQL 中，系统变量 VERSION 的值设置为版本号。在变量名前必须加两个 @ 符号才能正确返回该变量的值。

大多数系统变量应用于其他 SQL 语句中时，必须在名称前加两个 @ 符号，而为了与其他 SQL 产品保持一致，某些特定的系统变量要省略两个 @ 符号。如 CURRENT_DATE（系统日期）。

【例 8-8】 获得系统当前时间。

```
SELECT CURRENT_TIME;
```

执行结果如图 8-8 所示。

图 8-7　查询 MySQL 版本号

图 8-8　查询系统当前时间

8.3.3　运算符和表达式

在 MySQL 中，可以通过运算符获取表结构以外的另一种数据。例如，学生表中存在一个出生日期字段，如果想得到这个学生的实际年龄，可以使用 MySQL 中的算术运算符用当前年份减去学生出生年份，求出的结果就是该学生的实际年龄。

MySQL 所提供的运算符可以直接对表中数据或字段进行运算，进而实现用户的新需求，增强了 MySQL 的功能。下面介绍 MySQL 的运算符及运算符的优先级。

MySQL 主要支持以下几种运算符：

- 算术运算符：执行算术运算，如加、减、乘、除等。
- 比较运算符：包括大于、小于、等于或不等于等。主要用于数值的比较、字符串的匹配等。
- 逻辑运算符：包括与、或、非和异或等逻辑运算符。其返回值为布尔型，真值（1 或 true）和假值（0 或 false）。
- 位运算符：包括按位与、按位或、按位取反、按位异或、按位左移和按位右移等位运算符。位运算必须先将数据转换为补码，然后根据数据的补码进行操作。运算完成后，将得到的值转换为原来的类型（十进制数），返回给用户。

1. 算术运算符

算术运算符是 SQL 中最基本的运算符，在两个表达式上执行数学运算，这两个表达式可以是任何数字数据类型。MySQL 支持的算术运算符有：+（加）、-（减）、*（乘）、/（除）和 %（求模）5 种运算，它们是最常用、最简单的一类运算符。MySQL 支持的算术运算符及其作用见表 8-1。

表 8-1　算术运算符及其作用

运　算　符	作　　用
+	加法
-	减法
*	乘法
/ 或 DIV	除法
% 或 MOD	取余

在除法运算和模运算中，如果除数为 0，将是非法除数，返回结果为 NULL。

【例 8-9】 分别计算下列表达式 8+5，8-5，8*5，8/5，8%5 的值。

```
SELECT 8+5, 8-5, 8*5, 8/5, 8%5;
```

执行结果如图 8-9 所示。

图 8-9 算术运算

2. 比较运算符

比较运算符又称关系运算符，用于比较两个表达式的值，其运算结果为逻辑值，MySQL 允许用户对表达式的左边操作数和右边操作数进行比较，比较结果为真，则返回 1，为假则返回 0，比较结果不确定则返回 NULL。MySQL 支持的比较运算符及其作用见表 8-2。

表 8-2 关系运算符及其作用

运算符	作用
=	等于
<=>	安全的等于、严格比较两个 NULL 值是否相等
<> 或者 !=	不等于
<=	小于或等于
>=	大于或等于
>	大于
<	小于
IS NULL 或者 ISNULL	判断一个值是否为空
IS NOT NULL	判断一个值是否不为空
BETWEEN AND	判断一个值是否落在两个值之间
LIKE	模糊匹配

【例 8-10】分别计算下列表达式 8=5，8>5，8<5，8!=5，8 BETWEEN 5 AND 10 的值。

```
SELECT 8=5, 8>5, 8<5, 8!=5, 8 BETWEEN 5 AND 10;
```

执行结果如图 8-10 所示。

图 8-10 比较运算

3. 逻辑运算符

逻辑运算符又称布尔运算符，用来确定表达式的真和假。逻辑运算符用于对某个条件进行测试，运算结果为 TRUE（1）或 FALSE（0）。MySQL 中支持的逻辑运算符及其作用见表 8-3。

表 8-3　逻辑运算符及其作用

运算符	作　用
NOT 或 !	逻辑非
AND	逻辑与
OR	逻辑或
XOR	逻辑异或

【例 8-11】分别计算下列表达式 NOT 0，NOT 1，NOT TRUE，NOT FALSE 的值。

```
SELECT NOT 0, NOT 1,NOT TRUE,NOT FALSE;
```

执行结果如图 8-11 所示。

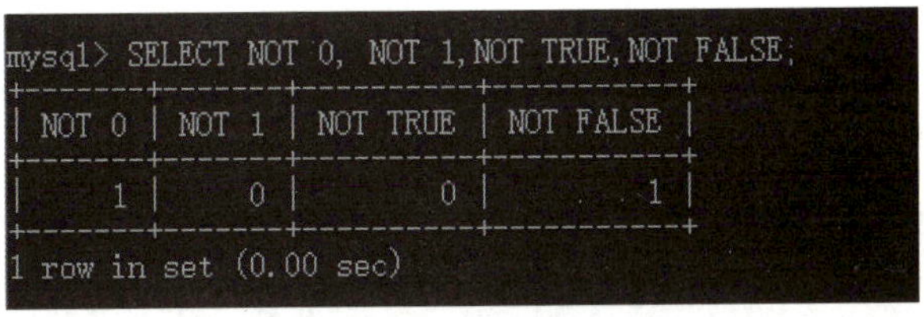

```
mysql> SELECT NOT 0, NOT 1,NOT TRUE,NOT FALSE;
+-------+-------+----------+-----------+
| NOT 0 | NOT 1 | NOT TRUE | NOT FALSE |
+-------+-------+----------+-----------+
|     1 |     0 |        0 |         1 |
+-------+-------+----------+-----------+
1 row in set (0.00 sec)
```

图 8-11　逻辑非运算

【例 8-12】分别计算下列表达式 0 AND 0, 0 AND 1, 1 AND 0, 1 AND 1,TRUE AND TRUE, TRUE AND FALSE, FALSE AND TRUE, FALSE AND FALSE 的值。

```
SELECT  0 AND 0,  0 AND 1,  1 AND 0,  1 AND 1;
SELECT TRUE AND TRUE,  TRUE AND FALSE, FALSE AND TRUE, FALSE AND FALSE;
```

执行结果如图 8-12 所示。

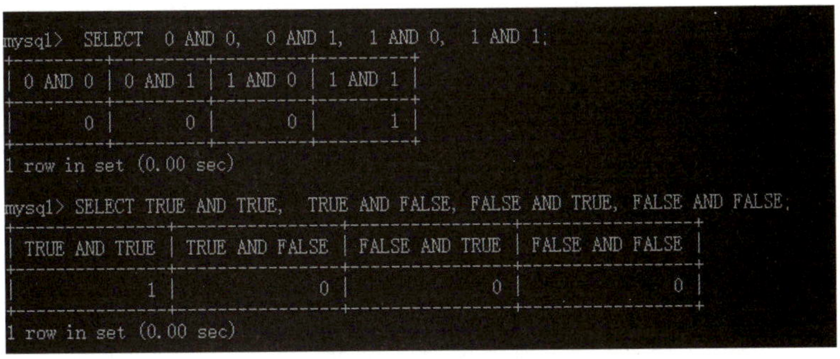

```
mysql> SELECT  0 AND 0,  0 AND 1,  1 AND 0,  1 AND 1;
+---------+---------+---------+---------+
| 0 AND 0 | 0 AND 1 | 1 AND 0 | 1 AND 1 |
+---------+---------+---------+---------+
|       0 |       0 |       0 |       1 |
+---------+---------+---------+---------+
1 row in set (0.00 sec)

mysql> SELECT TRUE AND TRUE,  TRUE AND FALSE, FALSE AND TRUE, FALSE AND FALSE;
+---------------+----------------+----------------+-----------------+
| TRUE AND TRUE | TRUE AND FALSE | FALSE AND TRUE | FALSE AND FALSE |
+---------------+----------------+----------------+-----------------+
|             1 |              0 |              0 |               0 |
+---------------+----------------+----------------+-----------------+
1 row in set (0.00 sec)
```

图 8-12　逻辑与运算

【例 8-13】分别计算下列表达式 0 OR 0，0 OR 1，1 OR 0，1 OR 1,TRUE OR TRUE，TRUE OR FALSE, FALSE OR TRUE, FALSE OR FALSE 的值。

```
SELECT  0 OR 0,  0 OR 1,  1 OR 0,  1 OR 1;
SELECT  TRUE OR TRUE,  TRUE OR FALSE, FALSE OR TRUE, FALSE OR FALSE;
```

执行结果如图 8-13 所示。

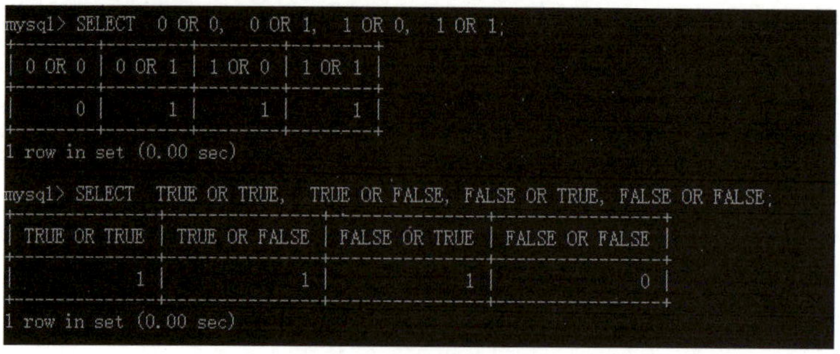

图 8-13　逻辑或运算

【例 8-14】分别计算下列表达式 0 XOR 0，0 XOR 1，1 XOR 0，1 XOR 1，TRUE XOR TRUE，TRUE XOR FALSE，FALSE XOR TRUE，FALSE XOR FALSE 的值。

```
SELECT  0 XOR 0,  0 XOR 1,  1 XOR 0,  1 XOR 1;
SELECT  TRUE XOR TRUE,  TRUE XOR FALSE,  FALSE XOR TRUE,  FALSE XOR FALSE;
```

执行结果如图 8-14 所示。

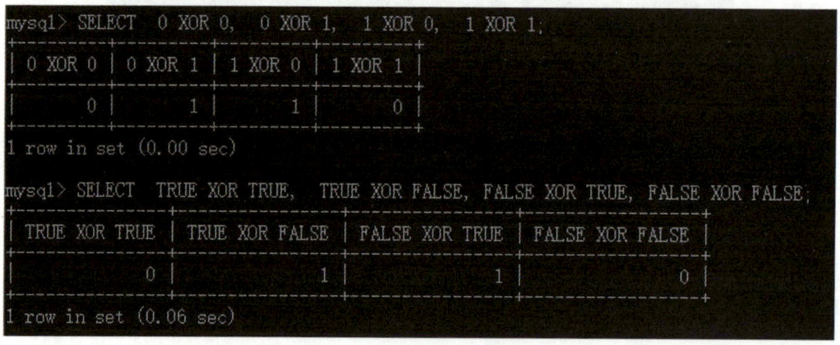

图 8-14　逻辑异或运算

4. 位运算符

所谓位运算，就是按照内存中的比特位（bit）进行操作，这是计算机能够支持的最小单位的运算。程序中所有数据在内存中都是以二进制形式存储的，位运算就是对这些二进制数据进行操作。

位运算一般用于操作整数，对整数进行位运算才有实际意义。整数在内存中是以补码形式存储的，正数的补码形式和原码形式相同，而负数的补码形式和它的原码形式是不一样的，这一点要特别注意；这意味着，对负数进行位运算时，操作的是它的补码，而不是它的原码。

MySQL 中的整数字面量（常量整数，也就是直接书写出来的整数）默认以 8 字节（Byte）表示，也就是 64 位（bit）。MySQL 支持 6 种位运算符，见表 8-4。

表 8-4　位运算符

运算符	说明	使用形式	举例
|	按位或	a | b	5 | 8
&	按位与	a & b	5 & 8
^	按位异或	a ^ b	5 ^ 8
~	按位取反	~ a	~ 5

续表

运 算 符	说　　明	使用形式	举　　例
<<	按位左移	a<<b	5<<2，表示整数5按位左移2位
>>	按位右移	a>>b	5>>2，表示整数5按位右移2位

5. 运算符优先级

当一个复杂的表达式有多个运算符时，运算符优先级决定执行运算的先后次序。执行的顺序会影响所得到的运算结果。运算符优先级见表8-5。

表8-5　运算符优先级

优先级由低到高排列	运　　算　　符
1	=（赋值运算）、:=
2	‖、OR
3	XOR
4	&&、AND
5	NOT
6	BETWEEN、CASE、WHEN、THEN、ELSE
7	=（比较运算）、<=>、>=、>、<=、<、<>、!=、IS、LIKE、REGEXP、IN
8	|
9	&
10	<<、>>
11	-（减号）、+
12	*、/、%
13	^
14	-（负号）、~（位反转）
15	!

最低优先级为"="，最高优先级为"!"。

可以看出，不同运算符的优先级是不同的。一般情况下，级别高的运算符优先进行计算，如果级别相同，MySQL按表达式的顺序从左到右依次计算。

另外，在无法确定优先级的情况下，可以使用圆括号"()"改变优先级，并且这样会使计算过程更加清晰。

6. 表达式

表达式就是常量、变量、列名、复杂计算、运算符和函数的组合。一个表达式通常可以得到一个值。与常量和变量一样，表达式的值也具有某种数据类型，可能的数据类型有字符类型、数值类型、日期时间类型。这样，根据表达式值的类型，表达式可分为字符型表达式、数值型表达式和日期表达式。

表达式按照形式还可分为单一表达式和复合表达式。

单一表达式就是一个单一的值，如一个常量或列名。

复合表达式是由运算符将多个单一表达式连接而成的表达式。

例如：1+2+3，a=b+3，'2008-01-20'+INTERVAL 2 MONTH。

表达式一般用在SELECT及SELECT语句的WHERE子句中。

8.3.4 系统内置函数

MySQL 有很多内置的函数，常用的系统函数见表 8-6 至表 8-8。

表 8-6 MySQL 字符串函数

函 数	描 述	实 例
ASCII(s)	返回字符串 s 的第一个字符的 ASCII 码	返回 CustomerName 字段第一个字母的 ASCII 码： SELECT ASCII(CustomerName) AS NumCodeOfFirstChar FROM Customers;
CHAR_LENGTH(s)	返回字符串 s 的字符数	返回字符串 RUNOOB 的字符数 SELECT CHAR_LENGTH("RUNOOB") AS LengthOfString;
CONCAT(s1,s2…sn)	字符串 s1,s2 等多个字符串合并为一个字符串	合并多个字符串 SELECT CONCAT("SQL","Runoob","Gooogle","Facebook") AS ConcatenatedString;
LEFT(s,n)	返回字符串 s 的前 n 个字符	返回字符串 runoob 中的前两个字符： SELECT LEFT('runoob',2) -- ru
REPLACE(s,s1,s2)	将字符串 s2 替代字符串 s 中的字符串 s1	将字符串 abc 中的字符 a 替换为字符 x： SELECT REPLACE('abc','a','x') --xbc
RIGHT(s,n)	返回字符串 s 的后 n 个字符	返回字符串 runoob 的后两个字符： SELECT RIGHT('runoob',2) -- ob
SPACE(n)	返回 n 个空格	返回 10 个空格： SELECT SPACE(10);
TRIM(s)	去掉字符串 s 开始和结尾处的空格	去掉字符串 RUNOOB 的首尾空格： SELECT TRIM('RUNOOB') AS TrimmedString;
UPPER(s)	将字符串转换为大写	将字符串 runoob 转换为大写： SELECT UPPER("runoob"); -- RUNOOB

表 8-7 MySQL 数字函数

函 数 名	描 述	实 例
ABS(x)	返回 x 的绝对值	返回 -1 的绝对值： SELECT ABS(-1) -- 返回 1
AVG(expression)	返回一个表达式的平均值，expression 是一个字段	返回 Products 表中 Price 字段的平均值： SELECT AVG(Price) AS AveragePrice FROM Products;
COUNT(expression)	返回查询的记录总数，expression 参数是一个字段或者 * 号	返回 Products 表中 products 字段总共有多少条记录： SELECT COUNT(ProductID) AS NumberOfProducts FROM Products;
MAX(expression)	返回字段 expression 中的最大值	返回数据表 Products 中字段 Price 的最大值： SELECT MAX(Price) AS LargestPrice FROM Products;

续表

函 数 名	描 述	实 例
MIN(expression)	返回字段 expression 中的最小值	返回数据表 Products 中字段 Price 的最小值： SELECT MIN(Price) AS MinPrice FROM Products;
MOD(x,y)	返回 x 除以 y 以后的余数	5 除于 2 的余数： SELECT MOD(5,2) -- 1
PI()	返回圆周率 (3.141593)	SELECT PI() --3.141593
RAND()	返回 0 到 1 的随机数	SELECT RAND() --0.93099315644334
SQRT(x)	返回 x 的平方根	25 的平方根： SELECT SQRT(25) -- 5
SUM(expression)	返回指定字段的总和	计算 OrderDetails 表中字段 Quantity 的总和： SELECT SUM(Quantity) AS TotalItemsOrdered FROM OrderDetails;

表 8-8　MySQL 日期函数

函 数 名	描 述	实 例
CURDATE()	返回当前日期	SELECT CURDATE(); -> 2018-09-19
CURRENT_DATE()	返回当前日期	SELECT CURRENT_DATE(); -> 2018-09-19
CURRENT_TIME	返回当前时间	SELECT CURRENT_TIME(); -> 19:59:02
CURRENT_TIMESTAMP()	返回当前日期和时间	SELECT CURRENT_TIMESTAMP() -> 2018-09-19 20:57:43
CURTIME()	返回当前时间	SELECT CURTIME(); -> 19:59:02
DAY(d)	返回日期值 d 的日期部分	SELECT DAY("2017-06-15"); -> 15
MONTH(d)	返回日期 d 中的月份值，1～12	SELECT MONTH('2011-11-11 11:11:11') ->11
NOW()	返回当前日期和时间	SELECT NOW() -> 2018-09-19 20:57:43
WEEK(d)	计算日期 d 是本年的第几个星期，范围是 0 到 53	SELECT WEEK('2011-11-11 11:11:11') -> 45
YEAR(d)	返回年份	SELECT YEAR("2017-06-15"); -> 2017

8.4 项目实施

任务 8-1　条件语句

在 MySQL 中，常见的过程式 SQL 语句可以用在一个存储过程体中，如 IF 语句、CASE 语句、LOOP 语句、WHILE 语句、ITERATE 语句和 LEAVE 语句。

MySQL 支持的条件语句有 IF 和 CASE 两种。

1. IF 语句

IF 语句可以对条件进行判断，根据条件的真假执行不同的语句。语法格式：

```
IF search_condition THEN statement_list
    [ELSEIF search_condition THEN statement_list ] …
    [ELSE  statement_list]
END IF
```

其中，search_condition 是判断条件，statement_list 是语句序列，如果 search_condition 参数返回值为 TRUE，则相应的 SQL 语句序列（statement_list）被执行；如果返回值为 FALSE，则 ELSE 子句的语句列表被执行。statement_list 可以包括一个或多个语句。

【例 8-15】创建 xscj 数据库的存储过程，判断两个输入的参数哪一个更大。

```
DELIMITER $$
CREATE PROCEDURE COMPAR (IN K1 INTEGER, IN K2 INTEGER, OUT K3 CHAR(6) )
BEGIN
  IF K1>K2 THEN
     SET K3= '大于';
  ELSEIF K1=K2 THEN
     SET K3= '等于';
  ELSE
     SET K3= '小于';
  END IF;
END$$
DELIMITER ;
```

说明：存储过程中 K1 和 K2 是输入参数，K3 是输出参数，如图 8-15 所示。

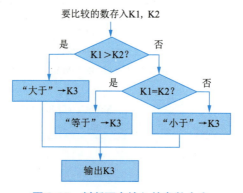

图 8-15　判断两个输入的参数大小

执行结果如图 8-16 所示。

```
信息  剖析  状态
CREATE PROCEDURE COMPAR
(IN K1 INTEGER, IN K2 INTEGER, OUT K3 CHAR(6) )
BEGIN
        IF K1>K2 THEN
                SET K3= '大于';
        ELSEIF K1=K2 THEN
                SET K3= '等于';
        ELSE
                SET K3= '小于';
        END IF;
END
> OK
> 时间: 0.698s
```

图 8-16 IF 条件控制语句

2. CASE 语句

CASE 语句可以实现比 IF 语句更复杂的条件判断，CASE 语句有两种语法格式，第一种语法格式如下：

```
CASE case_value
    WHEN when_value THEN statement_list
    [WHEN when_value THEN statement_list] …
    [ELSE statement_list]
END CASE
```

说明：一个 CASE 语句经常可以充当一个 IF-THEN-ELSE 语句。
- case_value 参数表示条件判断的变量，决定了哪个 WHEN 子句会被执行。
- when_value 参数表示变量的取值，如果某个 when_value 表达式与 case_value 变量的值相同，则执行对应的 THEN 关键字后的 statement_list 中的语句。

如果前面的每一个块都不匹配就会执行 ELSE 块指定的语句。
- ELSE 表示 when_value 值没有与 case_value 相同值时的执行语句。
- CASE 语句都要使用 END CASE 结束。

CASE 语句的第二种语法格式如下：

```
CASE
    WHEN search_condition THEN statement_list
    [WHEN search_condition THEN statement_list] …
    [ELSE statement_list]
END CASE
```

第二种语法格式中 CASE 关键字后面没有参数，在 WHEN-THEN 块中，search_condition 指定了一个比较表达式，表达式为真时执行 THEN 后面的语句。如果没有条件匹配，ELSE 子句中的语句被执行。

与第一种语法格式相比，这种格式能够实现更为复杂的条件判断，使用起来更方便。

【例 8-16】创建一个存储过程，当给定参数为 U 时返回"上升"，给定参数为 D 时返回"下降"，给定其他参数时返回"不变"。

```
DELIMITER $$
CREATE PROCEDURE
var_cp (IN str VARCHAR(1), OUT direct VARCHAR(4) )
BEGIN
  CASE str
     WHEN 'U' THEN SET direct ='上升';
     WHEN 'D' THEN SET direct ='下降';
     ELSE  SET direct ='不变';
  END CASE;
END$$
DELIMITER ;
```

执行结果如图 8-17 所示。

```
信息  剖析  状态
CREATE PROCEDURE
var_cp (IN str VARCHAR(1), OUT direct VARCHAR(4) )
BEGIN
  CASE str
          WHEN 'U' THEN SET direct ='上升';
          WHEN 'D' THEN SET direct ='下降';
          ELSE  SET direct ='不变';
END CASE;
END
> OK
> 时间: 0.121s
```

图 8-17　CASE 条件控制语句

以上 CASE 语句还可以用第二种语法格式书写如下：

```
CASE
   WHEN str=' U' THEN SET direct ='上升';
   WHEN str=' D' THEN SET direct ='下降';
   ELSE  SET direct ='不变';
END CASE;
```

任务 8-2　循环语句

循环语句是指在符合条件的情况下重复执行一段代码，例如，计算给定区间内的数据累加和。MySQL 支持的循环语句有三种，分别是 WHILE 语句、REPEAT 语句和 LOOP 语句。

1. WHILE 语句

语法格式：

```
[begin_label:]
WHILE search_condition  DO
   statement_list
END WHILE
[end_label]
```

说明：语句首先判断 search_condition 是否为真，不为真则执行 statement_list 中的语句，然后再次进行判断，为真则继续循环，不为真则结束循环。begin_label 和 end_label 是 WHILE 语句的标注。

除非 begin_label 存在，否则 end_label 不能被给出，并且如果两者都出现，它们的名字必须是相同的。

【例 8-17】创建一个带 WHILE 循环的存储过程。

```
DELIMITER $$
CREATE PROCEDURE dowhile()
BEGIN
    DECLARE v1 INT DEFAULT 5;
    WHILE  v1 > 0  DO
        SET v1 = v1-1;
    END WHILE;
END$$
DELIMITER ;
```

说明：当调用这个存储过程时，首先判断 v1 的值是否大于零，如果大于零则执行 v1-1，否则结束循环。

执行结果如图 8-18 所示。

图 8-18　CASE 条件控制语句

2. REPEAT 语句

语法格式：

```
[begin_label:]
REPEAT
      statement_list
      UNTIL search_condition
END REPEAT
[end_label]
```

说明：REPEAT 语句首先执行 statement_list 中的语句，然后判断 search_condition 是否为真，为真则停止循环，不为真则继续循环。REPEAT 也可以被标注。

【例 8-18】用 REPEAT 语句创建一个如例 8-17 所示的存储过程。程序片段如下：

```
REPEAT
    v1=v1-1;
    UNTIL v1<1;
END REPEAT;
```

说明：REPEAT 语句和 WHILE 语句的区别在于：REPEAT 语句先执行语句，后进行判断；而 WHILE 语句是先判断，条件为真时才执行语句。

3. LOOP 语句

语法格式:

```
[begin_label:] LOOP
    statement_list
END LOOP [end_label]
```

说明:LOOP 允许某特定语句或语句群的重复执行,实现一个简单的循环构造,statement_list 是需要重复执行的语句。在循环内的语句一直重复至循环被退出,退出时通常伴随着一个 LEAVE 语句。结构如下:

```
LEAVE   label
```

【例 8-19】用 LOOP 语句创建一个如例 8-17 所示的存储过程。

```
DELIMITER $$
CREATE PROCEDURE doloop()
BEGIN
    SET a=10;
    Label: LOOP
        SET a=a-1;
        IF a<0 THEN
            LEAVE Label;
        END IF;
    END LOOP Label;
END$$
DELIMITER ;
```

8.5 小结

通过对数据库编程的实现,本项目主要介绍了以下内容:
- MySQL 的常量和变量定义等。
- MySQL 的运算符和表达式。
- 流程语句:条件控制语句和循环语句。
- MySQL 的系统内置函数:字符串函数、数字函数、日期函数。

8.6 项目实训 8 学生成绩管理数据库编程的操作

一、实训目的

① 掌握 MySQL 中设置变量和常量的方法。
② 掌握 MySQL 中运算符的使用方法。
③ 掌握 MySQL 中内置函数的使用方法。
④ 掌握 MySQL 中的流程语句分支结构、循环结构。

二、实训内容

学生成绩管理系统 xscj 包含学生基本情况表（xs）、课程信息表（kc）和成绩表（xs_kc）。

新建查询窗口，对 xscj 数据库完成以下操作：

（1）创建用户变量 user1 并赋值为 1，use2 赋值为 2，user3 赋值为 3。
（2）利用字符串函数查询 xs 表中学生的姓氏。
（3）编程实现分别查询学生表中的总人数，女生的人数。
（4）利用循环编程实现，给学生成绩表中所有成绩加 10 分，如果超 100 分，则设置为 100 分。

8.7 练习题

写出完成以下操作的 SQL 命令：
1. 创建用户变量 user1 并赋值为 1，user2 赋值为 2，user3 赋值为 3。
2. 返回 kc 表中课程名最左边的 3 个字符。
3. 显示 xs 表中所有女生的姓名，一列显示姓，一列显示名。
4. 求 xs 表中女学生的年龄。

8.8 项目实训 8 考评

【学生成绩管理数据库编程的操作】考评记录

姓名		班级		项目评分	
实训地点		学号		完成日期	
项目实现步骤	序号	考核内容		标准分	评分
	1	掌握 MySQL 中设置变量和常量的使用方法		15	
	2	掌握 MySQL 中运算符的使用方法		15	
	3	掌握 MySQL 中内置函数的使用方法		15	
	4	掌握 MySQL 中的流程语句分支结构、循环结构		15	
	5	编程实现 xscj 数据库的姓氏、人数的查询		10	
	6	编程实现 xscj 数据库的成绩加分		10	
	7	职业素养		20	
		实训管理：纪律、清洁、安全、整洁、节约等		5	
		团队精神：沟通、协作、互助、自主、积极等		5	
		学习反思：技能表达、反思内容		5	
教师评语					

拓展阅读

在 MySQL 中，服务器处理语句时以分号为结束标志。但是在创建存储过程时，存储过程体中可能包含多个 SQL 语句，每个 SQL 语句都是以分号为结尾的，这时服务器处理程序时遇到第一个分号就会认为程序结束，这肯定是不行的。所以这里使用 DELIMITER 命令将 MySQL 语句的结束标志修改为其他符号。

DELIMITER 语法格式为：

```
DELIMITER $$
```

说明：$$ 是用户定义的结束符，通常该符号可以是一些特殊符号，如两个"#"，两个"¥"等。当使用 DELIMITER 命令时，应该避免使用反斜杠"\"字符，因为那是 MySQL 的转义字符。

【例 8-20】将 MySQL 结束符修改为两个斜杠"/"符号。

```
DELIMITER //
```

说明：执行完这条命令后，程序结束的标志就换为双斜杠符号"//"了。

要想恢复使用分号";"作为结束符，运行下面命令即可：

```
DELIMITER ;
```

项目 9

存储过程、存储函数、触发器

9.1 项目描述

为提高 SQL 语句的重用性,MySQL 可以将频繁使用的业务逻辑封装成程序进行存储,这类程序主要包括存储过程、函数、触发器等。存储函数与存储过程相似,但存储函数一旦定义,可以像系统函数一样直接引用,而不能用 CALL 命令调用。触发器虽然也是存放在数据库中的一段程序,但触发器不需要调用,当有操作影响到触发器保护的数据时,触发器会自动执行来保护表中的数据,实现数据库中数据的完整性。

本项目将针对存储函数、存储过程、触发器等内容在图书借阅系统(tsjy)的三个表中进行创建和操作。

9.2 职业能力、素养目标

- 掌握存储过程的基本操作,能够创建、查看、调用、修改和删除存储过程。
- 掌握存储函数的基本操作,能够创建、查看、调用和删除存储函数。
- 了解触发器,能够说出触发器的概念。
- 掌握触发器的基本使用,能够创建、查看和删除触发器。
- 培养学生的科学精神,对系统设计结果与界面提出要求,提升学生的审美情趣。

9.3 相关知识

9.3.1 存储过程

在开发过程中,经常会遇到重复使用某一功能的情况,因此,MySQL 引入了存储过程。存储过程是一组可以完成特定功能的 SQL 语句的集合，它可以将常用或复杂的模块封装成一个代码块存储在数据库服务器中，以便重复使用，大大减少数据库开发人员的工作量。简单地说，存储过程就是存放在数据库中的一段程序。存储过程可以利用 CALL 语句调用程序、触发器或另一个存储过程。

使用存储过程的优点有：

① 存储过程在服务器端运行，执行速度快。

② 存储过程执行一次后，其执行规划就驻留在高速缓冲存储器中，在以后的操作中，只需从高速缓冲存储器中调用已编译好的二进制代码执行，提高了系统性能。

③ 确保数据库的安全。使用存储过程可以完成所有数据库操作，并可通过编程方式控制上述操作对数据库信息访问的权限。

1. 创建存储过程

使用 CREATE PROCEDURE 语句创建存储过程。

语法格式：

```
CREATE PROCEDURE sp_name ([proc_parameter[,…]])
    routine_body
```

其中，sp_name 是存储过程名，proc_parameter 为参数，参数的具体格式如下：

```
    [ IN | OUT | INOUT ] param_name type
```

说明：

param_name 为参数名，type 为参数的类型，参数是可选的，当有多个参数时中间用逗号隔开。存储过程可以有 0 个、1 个或多个参数。MySQL 存储过程支持三种类型的参数：输入参数、输出参数和输入/输出参数，关键字分别是 IN、OUT 和 INOUT。

- IN：表示输入参数，该参数使数据可以传递给一个存储过程。
- OUT：表示输出参数，默认值为 NULL，当需要返回一个答案或结果时，存储过程使用输出参数。
- INOUT：表示输入/输出参数，既可以充当输入参数，也可以充当输出参数。
- 存储过程也可以不加参数，但是名称后面的括号是不可省略的。

routine_body：这是存储过程的主体部分，又称存储过程体。其中包含了在过程调用时必须执行的语句，这部分总是以 BEGIN 开始，以 END 结束。当然，当存储过程体中只有一个 SQL 语句时可以省略 BEGIN-END 标志。

【例 9-1】编写一个存储过程，实现的功能是删除一个指定会员编号的用户信息。

```
DELIMITER $$
CREATE PROCEDURE  del_member(IN user_No  CHAR(8))
BEGIN
    DELETE FROM Members WHERE 会员编号= user_No;
END $$
DELIMITER ;
```

执行结果如图 9-1 所示。

项目 9 　存储过程、存储函数、触发器

```
信息    剖析    状态
CREATE PROCEDURE del_member(IN user_No  CHAR(8))
BEGIN
        DELETE FROM Members WHERE 会员编号= user_No;
END
> Affected rows: 0
> 时间: 0.254s
```

图 9-1　创建存储过程

需要说明的是，上述执行语句中 DELIMITER $$ 语句的作用是将 MySQL 的结束符设置为 $$。因为 MySQL 默认的语句结束符号为分号";"，而在创建存储过程时，存储过程体可能包含多条 SQL 语句，所以为避免分号与存储过程中 SQL 语句的结束符相冲突，需要使用 DELIMITER 改变存储过程的结束符。存储过程定义完毕后使用 DELIMITER; 语句恢复默认结束符。当然，DELIMITER 还可以指定其他符号作为结束符，只不过需要注意的是，它与要设定的结束符之间一定要有一个空格，否则设定无效。

在关键字 BEGIN 和 END 之间指定了存储过程体，因为在程序开始用 DELIMITER 语句转换了语句结束标志为"$$"，所以 BEGIN 和 END 被看作一个整体，在 END 后用"$$"结束。

当然，BEGIN-END 复合语句还可以嵌套使用。

当调用该存储过程时，MySQL 根据提供的参数 user_No 的值，删除对应在 members 表中的数据。调用存储过程使用 CALL 命令，后面会介绍。

在存储过程中可以声明局部变量，它们可以用来存储临时结果。

1）声明局部变量

要声明局部变量必须使用 DECLARE 语句。在声明局部变量的同时也可以对其赋一个初始值。DECLARE 语法格式如下：

```
DECLARE  var_name[,…]  type [DEFAULT value]
```

说明：var_name 为变量名；type 为变量类型；DEFAULT 子句给变量指定一个默认值，如果不指定，默认值为 NULL。

【例 9-2】声明一个整型变量和两个字符变量。

```
DECLARE num INT(4);
DECLARE str1, str2 VARCHAR(6);
```

说明：局部变量只能在 BEGIN-END 语句块中声明。

局部变量必须在存储过程的开头声明，声明完后，可以在声明它的 BEGIN-END 语句块中使用该变量，其他语句块中不可以使用它。

2）使用 SET 语句赋值

要给局部变量赋值可以使用 SET 语句，语法格式如下：

```
SET  var_name = expr
```

说明：var_name 参数是变量的名称；expr 参数是赋值表达式。

【例 9-3】在存储过程中给局部变量赋值。

```
SET num=1, str1= 'hello';
```

3）SELECT…INTO 语句

使用 SELECT…INTO 语句可以把选定的列值直接存储到变量中。因此,返回的结果只有一行,语法格式如下：

```
SELECT col_name [...] INTO var_name[,...]
FROM table_name WEHRE condition
```

说明：col_name 参数表示查询的字段名称；var_name 参数是变量的名称；table_name 参数指表的名称；condition 参数指查询条件。

【例 9-4】在存储过程中给局部变量赋值。

```
SELECT 书名 INTO my_Book
    FROM book WEHRE 作者='罗贯中';
```

【例 9-5】在存储过程体中将 book 表中书名为"计算机基础"的作者姓名和出版社的值分别赋给变量 name 和 publish。

```
SELECT 作者,出版社 INTO name, publish
FROM Book
WHERE 书名='计算机基础';
```

2. 查看存储过程

存储过程创建之后,用户可以使用 SHOW PROCEDURE STATUS 语句和 SHOW CREATE PROCEDURE 语句分别显示存储过程的状态信息和创建信息。下面分别用这两种方式查看存储过程的信息。

① 使用 SHOW PROCEDURE STATUS 命令显示存储过程的状态信息。语法格式如下：

```
SHOW PROCEDURE STATUS [ LIKE 'pattern'];
```

其中,LIKE 'pattern' 表示匹配存储过程的名称。

【例 9-6】查看例 9-1 中创建的存储过程 del_member。

```
SHOW PROCEDURE STATUS  LIKE  'del_member';
```

执行结果如图 9-2 所示。

Db	Name	Type	Definer	Modified	Created	Security_type
tsjy	del_member	PROCEDURE	root@localhost	2022-10-16 20:20:12	2022-10-16 20:20:12	DEFINER

图 9-2　查看存储过程

② 使用 SHOW CREATE PROCEDURE sp_name 命令显示存储过程的创建信息,其中 sp_name 是存储过程的名称。

```
SHOW CREATE PROCEDURE  sp_name;
```

【例 9-7】查看例 9-1 中创建的存储过程 del_member。

项目 9　存储过程、存储函数、触发器

```
SHOW CREATE  PROCEDURE  del_member;
```

执行结果如图 9-3 所示。

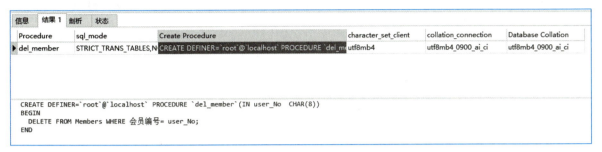

图 9-3　查看存储过程

3. 调用存储过程

存储过程创建完后，可以在程序、触发器或者存储过程中被调用，调用时都必须使用到 CALL 语句。语法格式如下：

```
CALL sp_name([parameter[,…]])
```

说明：sp_name 为存储过程的名称，如果要调用某个特定数据库的存储过程，则需要在前面加上该数据库的名称。parameter 为调用该存储过程使用的参数，这条语句中的参数个数必须总是等于存储过程的参数个数。

【例 9-8】调用例 9-1 中创建的存储过程，删除会员编号为"hy00002"的用户信息。

```
CALL del_member('hy00002');
```

执行结果如图 9-4 所示。

再次查询 member 会员表，将发现会员编号为"hy00002"的会员已经被删除。

【例 9-9】创建存储过程实现查询 members 表中会员人数的功能，并执行它。

首先创建查询 members 表中会员人数的存储过程：

```
CREATE PROCEDURE query_members()
    SELECT COUNT(*) FROM members;
```

这是一个不带参数的非常简单的存储过程，通常 SELECT 语句不会被直接用在存储过程中。

调用该存储过程：

```
CALL query_members();
```

执行结果如图 9-5 所示。

图 9-4　调用存储过程

图 9-5　调用存储过程

【例 9-10】 创建 xscj 数据库的存储过程,判断两个输入的参数哪一个更大。

```
DELIMITER $$
CREATE PROCEDURE COMPAR (IN K1 INTEGER, IN K2 INTEGER, OUT K3 CHAR(6) )
BEGIN
  IF K1>K2 THEN
      SET K3= '大于';
  ELSEIF K1=K2 THEN
      SET K3= '等于';
  ELSE
      SET K3= '小于';
  END IF;
END$$
DELIMITER ;
```

如果是输出变量,前面加 @。
调用存储过程:

```
CALL COMPAR(3, 6, @K);
SELECT @K;
```

说明:3 和 6 相当于输入参数 K1 和 K2,用户变量 K 相当于输出参数 K3。可以看到,由于 3<6,输出参数 K 的值为"小于"。

执行结果如图 9-6 所示。

4. 修改存储过程

在实际开发中,业务需求更改的情况时有发生,这样就不可避免地需要修改存储过程。在 MySQL 中,可以使用 ALTER 语句修改存储过程,基本语法格式如下:

```
ALTER  PROCEDURE  SP_NAME  [CHARACTERISTIC ];
```

其中,sp_name 是存储过程名;CHARACTERISTIC 表示存储过程中可以设置的特征值。需要注意的是,上述语法格式不能修改存储过程的参数,只能修改存储过程的特征值。

指定了存储过程的特性,可能的取值有:

- CONTAINS SQL 表示子程序包含 SQL 语句,但不包含读或写数据的语句。
- NO SQL 表示子程序中不包含 SQL 语句。
- READS SQL DATA 表示子程序中包含读数据的语句。
- MODIFIES SQL DATA 表示子程序中包含写数据的语句。
- SQL SECURITY { DEFINER |INVOKER } 指明谁有权限来执行。
- DEFINER 表示只有定义者自己才能够执行。
- INVOKER 表示调用者可以执行。
- COMMENT 'string' 表示注释信息。

ALTER PROCEDURE 语句用于修改存储过程的某些特征。如果要修改存储过程的内容,可以先删除原存储过程,再以相同的命名创建新存储过程;如果要修改存储过程的名称,可以先删除原存储过程,再以不同的命名创建新存储过程。

5. 删除存储过程

存储过程创建后需要删除时使用 DROP PROCEDURE 语句。在此之前，必须确认该存储过程没有任何依赖关系，否则会导致其他与之关联的存储过程无法运行。

语法格式如下：

```
DROP PROCEDURE [IF EXISTS] sp_name
```

说明：sp_name 是要删除的存储过程的名称；IF EXISTS 子句是 MySQL 的扩展，即如果程序或函数不存在，防止发生错误。

【例 9-11】删除存储过程 DO_QUERY。

```
DROP PROCEDURE IF EXISTS DO_QUERY;
```

执行结果如图 9-7 所示。

图 9-6 调用存储过程

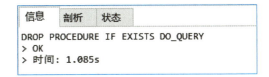

图 9-7 删除存储过程

9.3.2 存储函数

MySQL 支持函数的使用，其中的函数可分为两种：一种是内置函数，另一种是自定义函数。在 MySQL 中，通常将用户自定义的函数称为存储函数。存储函数和 MySQL 内置函数性质相同，都用于实现某种功能。

存储函数也是过程式对象之一，与存储过程相似。它们都是由 SQL 和过程式语句组成的代码片段，并且可以从应用程序和 SQL 中调用。然而，它们也有一些区别：

① 存储函数不能拥有输出参数，因为存储函数本身就是输出参数。

② 不能用 CALL 语句调用存储函数。

③ 存储函数必须包含一条 RETURN 语句,而这条特殊的 SQL 语句不允许包含于存储过程中。

1. 创建存储函数

创建存储函数使用 CREATE FUNCTION 语句。

语法格式：

```
CREATE FUNCTION sp_name ([func_parameter[,…]])
    RETURNS type
routine_body
```

说明：存储函数的定义格式和存储过程相差不大。

sp_name：存储函数的名称。存储函数不能拥有与存储过程相同的名称。

func_parameter：存储函数的参数，参数只有名称和类型，不能指定 IN、OUT 和 INOUT。

RETURNS type：子句声明函数返回值的数据类型。

routine_body：存储函数的主体，又称存储函数体，所有在存储过程中使用的 SQL 语句在存储函数中也适用。但是存储函数体中必须包含一个 RETURN value 语句,value 为存储函数的返回值。

这是存储过程体中没有的。

【例9-12】在数据库 tsjy 中创建一个存储函数，它返回 book 表中图书数目作为结果。

```
DELIMITER $$
CREATE FUNCTION num_book()
    RETURNS INTEGER
    BEGIN
      RETURN (SELECT COUNT(*) FROM Book);
    END$$
DELIMITER ;
```

说明：RETURN 子句中包含 SELECT 语句时，SELECT 语句的返回结果只能是一行且只能有一列值。

该存储函数返回查询 book 表中书的数量，执行结果如图 9-8 所示。

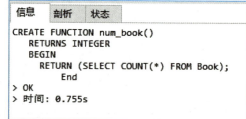

图 9-8　创建存储函数

2. 查看存储函数

存储函数创建之后，用户可以使用 SHOW FUNCTION STATUS 语句和 SHOW CREATE FUNCTION 语句分别显示存储函数的状态信息和创建信息。下面分别用这两种方式查看存储函数的信息。

① 使用 SHOW FUNCTION STATUS 命令显示存储函数的状态信息。语法格式如下：

```
SHOW FUNCTION STATUS [ LIKE 'pattern'];
```

其中，LIKE 'pattern' 表示匹配存储函数的名称。

【例9-13】查看例 9-12 中创建的存储函数 num_book。

```
SHOW FUNCTION STATUS LIKE 'num_book';
```

执行结果如图 9-9 所示。

Db	Name	Type	Definer	Modified	Created	Security_type
tsjy	num_book	FUNCTION	root@localhost	2022-10-16 22:09:43	2022-10-16 22:09:43	DEFINER

图 9-9　查看存储函数

② 使用 SHOW CREATE FUNCTION sp_name 命令显示存储函数的创建信息，其中 sp_name 是存储函数的名称。

```
SHOW FUNCTION STATUS
```

【例9-14】查看例 9-12 中创建的存储函数 num_book。

```
SHOW CREATE  FUNCTION num_book;
```

执行结果如图 9-10 所示。

项目 9　存储过程、存储函数、触发器

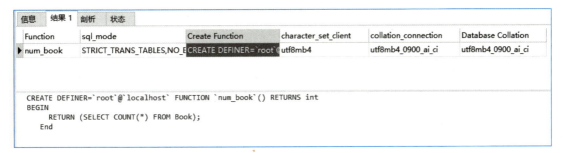

图 9-10　查看存储函数

要查看数据库中有哪些存储函数，可以使用 SHOW FUNCTION STATUS 命令。

```
SHOW FUNCTION STATUS
```

3. 调用存储函数

存储函数创建完后，就如同系统提供的内置函数（如 VERSION()），所以调用存储函数的方法也差不多，都是使用 SELECT 关键字。

语法格式如下：

```
SELECT sp_name ([func_parameter[,…]])
```

调用例 9-12 存储函数，该存储函数返回查询 book 表中书的数量：

```
num_book()
```

执行结果如图 9-11 所示。

【例 9-15】在数据库 tsjy 中创建一个存储函数，返回 book 表中某本书的作者姓名。

```
DELIMITER $$
CREATE FUNCTION author_book(b_name CHAR(20))
RETURNS CHAR(8)
  BEGIN
       RETURN (SELECT 作者 FROM Book WHERE 书名= b_name);
  END$$
DELIMITER ;
```

调用此存储函数：

```
SELECT author_book('朝花夕拾');
```

执行结果如图 9-12 所示。

图 9-11　调用存储函数

图 9-12　调用存储函数

【例 9-16】 在 Bookstore 数据库中创建一个存储函数，删除 Sell 表中有但 Book 表中不存在的记录。

```
DELIMITER $$
CREATE FUNCTION del_Sell(b_bh CHAR(20))
RETURNS BOOLEAN
    BEGIN
    DECLARE bh CHAR(20);
    SELECT 图书编号 INTO bh FROM Book WHERE 图书编号=b_bh;
    IF bh IS NULL THEN
        DELETE FROM Sell WHERE 图书编号=b_bh;
        RETURN TRUE;
    ELSE
        RETURN FALSE;
    END IF;
    END$$
DELIMITER ;
```

此存储函数给定图书编号作为输入参数，先按给定的图书编号到 Book 表中查找有无该图书编号的书，如果没有，返回 FALSE，如果有，返回 TRUE，同时还要到 Sell 表中删除该图书编号的书。

```
SELECT del_Sell('TP40/02');
```

执行结果如图 9-13 所示。

4. 删除存储函数

在 MySQL 中，如果要删除存储函数，可以使用 DROP FUNCTION 语句。删除存储函数的语法格式如下：

```
DROP FUNCTION [IF EXISTS] sp_name
```

说明：sp_name 是要删除的存储过程的名称；IF EXISTS 子句是可选项，如果程序或函数不存在，防止发生错误。

【例 9-17】 删除存储函数 author_book()。

```
DROP PROCEDURE IF EXISTS author_book;
```

执行结果如图 9-14 所示。

图 9-13 调用存储函数

图 9-14 删除存储函数

9.3.3 触发器

在实际开发项目时，经常会遇到以下情况：
- 在学生表中添加一条关于学生的记录时，学生的总数就必须同时改变。

- 增加一条学生记录时，需要检查年龄是否符合范围要求。
- 删除一条学生信息时，需要删除其成绩表上的对应记录。
- 删除一条数据时，需要在数据库存档表中保留一个备份副本。

虽然上述情况实现的业务逻辑不同，但是它们都需要在数据表发生更改时，自动进行一些处理。这时就可以使用触发器处理。例如，对于第一种情况，可以创建一个触发器对象，每当添加一条学生记录时，就执行一次计算学生总数的操作，这样就可以保证每次添加一条学生记录后，学生总数和学生记录数是一致的。

1. 触发器概述

MySQL 的触发器和存储过程一样，都是嵌入到 MySQL 中的一段程序，是 MySQL 中管理数据的有力工具。不同的是执行存储过程要使用 CALL 语句调用，而触发器的执行不需要使用 CALL 语句调用，也不需要手工启动，而是通过对数据表的相关操作来触发、激活从而实现执行。比如当对 xs 表进行操作（如 INSERT、DELETE 或 UPDATE 等）时就会激活相应操作执行。

触发器与数据表关系密切，主要用于保护表中的数据。特别是当有多个表具有一定的相互联系时，触发器能够让不同的表保持数据的一致性。在 MySQL 中，只有执行 INSERT、UPDATE 和 DELETE 操作时才能激活触发器，其他 SQL 语句则不会激活触发器。

1）触发器的优点与缺点

（1）触发器的优点

① 触发器的执行是自动的，当对触发器相关表的数据做出相应的修改后立即执行。
② 触发器可以实施比 FOREIGN KEY 约束、CHECK 约束更为复杂的检查和操作。
③ 触发器可以实现表数据的级联更改，在一定程度上保证了数据的完整性。

（2）触发器的缺点

① 使用触发器实现的业务逻辑在出现问题时很难进行定位，特别是涉及多个触发器的情况下，会使后期维护变得困难。
② 大量使用触发器容易导致代码结构被打乱，增加了程序的复杂性。
③ 如果需要变动的数据量较大时，触发器的执行效率会非常低。

2）MySQL 支持的触发器

在实际使用中，MySQL 所支持的触发器有三种：INSERT 触发器、UPDATE 触发器和 DELETE 触发器。

（1）INSERT 触发器

在 INSERT 语句执行之前或之后响应的触发器。使用 INSERT 触发器需要注意以下几点：

① 在 INSERT 触发器代码内，可引用一个名为 NEW（不区分大小写）的虚拟表来访问被插入的行。
② 在 BEFORE INSERT 触发器中，NEW 中的值也可以被更新，即允许更改被插入的值（只要具有对应的操作权限）。
③ 对于 AUTO_INCREMENT 列，NEW 在 INSERT 执行之前包含的值是 0，在 INSERT 执行之后将包含新的自动生成值。

（2）UPDATE 触发器

在 UPDATE 语句执行之前或之后响应的触发器。使用 UPDATE 触发器需要注意以下几点：

① 在 UPDATE 触发器代码内,可引用一个名为 NEW（不区分大小写）的虚拟表来访问更新的值。

② 在 UPDATE 触发器代码内,可引用一个名为 OLD（不区分大小写）的虚拟表来访问 UPDATE 语句执行前的值。

③ 在 BEFORE UPDATE 触发器中，NEW 中的值可能也被更新，即允许更改将要用于 UPDATE 语句中的值（只要具有对应的操作权限）。

④ OLD 中的值全部是只读的，不能被更新。

注意：当触发器涉及对触发表自身的更新操作时，只能使用 BEFORE 类型的触发器，AFTER 类型的触发器将不被允许。

（3）DELETE 触发器

在 DELETE 语句执行之前或之后响应的触发器。使用 DELETE 触发器需要注意以下几点：

① 在 DELETE 触发器代码内，可以引用一个名为 OLD（不区分大小写）的虚拟表来访问被删除的行。

② OLD 中的值全部是只读的，不能被更新。

总体来说，触发器使用过程中，MySQL 会按照以下方式处理错误。

对于事务性表，如果触发程序失败，以及由此导致的整个语句失败，那么该语句所执行的所有更改将回滚；对于非事务性表，则不能执行此类回滚，即使语句失败，失败之前所做的任何更改依然有效。

若 BEFORE 触发程序失败，则 MySQL 将不执行相应行上的操作。

若在 BEFORE 或 AFTER 触发程序的执行过程中出现错误，则将导致调用触发程序的整个语句失败。

仅当 BEFORE 触发程序和行操作均已被成功执行，MySQL 才会执行 AFTER 触发程序。

2. 创建触发器

在 MySQL 中，可以使用 CREATE TRIGGER 语句创建触发器，语法格式如下：

```
CREATE   <触发器名>  < BEFORE | AFTER >
    <INSERT | UPDATE | DELETE >
    ON  <表名>  FOR  EACH  Row  <触发器主体>
```

语法说明如下：

1）触发器名

触发器的名称，触发器在当前数据库中必须具有唯一的名称。如果要在某个特定数据库中创建，名称前面应该加上数据库的名称。

2）INSERT | UPDATE | DELETE 触发事件，用于指定激活触发器语句的种类。三种触发器的执行时间如下：

- INSERT：将新行插入表时激活触发器。例如，INSERT 的 BEFORE 触发器不仅能被 MySQL 的 INSERT 语句激活，也能被 LOAD DATA 语句激活。
- DELETE：从表中删除某一行数据时激活触发器，例如 DELETE 和 REPLACE 语句。
- UPDATE：更改表中某一行数据时激活触发器，例如 UPDATE 语句。

3）BEFORE | AFTER

BEFORE 和 AFTER 触发器被触发的时刻，表示触发器是在激活它的语句之前或之后触发。如果想要验证新数据是否满足使用的限制,则使用 BEFORE 选项;如果想要在激活触发器的语句执行之后执行几个或更多的改变,则通常使用 AFTER 选项。

4)表名

与触发器相关联的表名,此表必须是永久性表,不能将触发器与临时表或视图关联起来。在该表上触发事件发生时才会激活触发器。同一个表不能拥有两个具有相同触发时刻和事件的触发器。例如,对于一张数据表,不能同时有两个 BEFORE UPDATE 触发器,但可以有一个 BEFORE UPDATE 触发器和一个 BEFORE INSERT 触发器,或一个 BEFORE UPDATE 触发器和一个 AFTER UPDATE 触发器。

5)触发器主体

触发器动作主体包含触发器激活时将要执行的 MySQL 语句。如果要执行多个语句,可使用 BEGIN-END 复合语句结构。

6)FOR EACH ROW

一般是指行级触发,表示对于受触发事件影响的每一行,都要激活触发器的动作。例如,使用 INSERT 语句向某个表中插入多行数据时,触发器会对每一行数据的插入执行相应的触发器动作。

在 MySQL 触发器中,SQL 语句可以关联表中的任意列。但不能直接使用列的名称标志,那会使系统混淆,因为激活触发器的语句可能已经修改、删除或添加了新的列名,而列的旧名同时存在。因此必须用这样的语法来标志:"NEW.column_name" 或者 "OLD.column_name"。NEW.column_name 用来引用新行的一列,OLD.column_name 用来引用更新或删除它之前的已有行的一列。

对于 INSERT 语句,只有 NEW 是合法的;对于 DELETE 语句,只有 OLD 是合法的;而 UPDATE 语句可以与 NEW 或 OLD 同时使用。

3. 查看触发器

在 MySQL 中,若需要查看数据库中已有的触发器,则可以使用 SHOW TRIGGERS 语句。语法格式如下:

```
SHOW TRIGGERS;
```

【例 9-18】查看在 bookstore 数据库中创建的触发器。

```
SELECT TRIGGERS;
```

执行结果如图 9-15 所示。

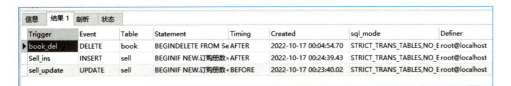

图 9-15 查看触发器

4. 删除触发器

当创建的触发器不符合当前需求时,可以将它删除。和其他数据库对象一样,使用 DROP 语句即可将触发器从数据库中删除。
语法格式:

```
DROP TRIGGER [ IF EXISTS ] [数据库名] <触发器名>
```

语法说明如下:
① 触发器名:要删除的触发器名称。
② 数据库名:可选项。指定触发器所在的数据库的名称。若没有指定,则为当前默认的数据库。
③ 权限:执行 DROP TRIGGER 语句需要 SUPER 权限。
④ IF EXISTS:可选项。避免在没有触发器的情况下删除触发器。

注意:删除一个表的同时,也会自动删除该表上的触发器。另外,触发器不能更新或覆盖,为了修改一个触发器,必须先删除它,再重新创建。

9.3.4 游标

在 MySQL 中,存储过程或函数中的查询有时会返回多条记录,而使用简单的 SELECT 语句,没有办法得到第一行、下一行或前十行的数据,这时可以使用游标逐条读取查询结果集中的记录。游标在部分资料中又称光标。

关系数据库管理系统实质是面向集合的,在 MySQL 中并没有一种描述表中单一记录的表达形式,除非使用 WHERE 子句来限制只有一条记录被选中。所以有时必须借助游标进行单条记录的数据处理。

一般通过游标定位到结果集的某一行进行数据修改。结果集是符合 SQL 语句的所有记录的集合。个人理解游标就是一个标识,用来标识数据取到了什么地方,如果你了解编程语言,可以把它理解成数组中的下标。MySQL 游标只能用于存储过程和函数。

下面介绍游标的使用,主要包括游标的声明、打开、使用和关闭。

1. 声明游标

在 MySQL 中,使用 DECLARE 关键字声明游标,并定义相应的 SELECT 语句,根据需要添加 WHERE 和其他子句。其语法格式如下:

```
DECLARE CURSOR_NAME   CURSOR
FOR
SELECT_STATEMENT;
```

其中,CURSOR_NAME 表示游标的名称;SELECT_STATEMENT 表示 SELECT 语句,可以返回一行或多行数据。

【例 9-19】在 Bookstore 数据库中创建一个存储过程 processnames,在其中声明一个名为 nameCursor 的游标。

```
DELIMITER $$
CREATE PROCEDURE processnames()
BEGIN
    DECLARE nameCursor CURSOR
    FOR
    SELECT '会员姓名' FROM members;
```

```
END$$
```

执行结果如图 9-16 所示。

以上语句定义了 nameCursor 游标，游标只局限于存储过程中，存储过程处理完成后，游标就消失了。

2. 打开游标

声明游标之后，要想从游标中提取数据，必须首先打开游标。在 MySQL 中，通过 OPEN 关键字打开游标，其语法格式如下：

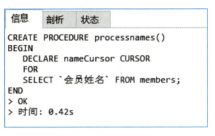

图 9-16　声明游标

```
OPEN cursor_name;
```

其中，cursor_name 表示所要打开游标的名称。需要注意的是，打开一个游标时，游标并不指向第一条记录，而是指向第一条记录的前边。

在程序中，一个游标可以打开多次。用户打开游标后，其他用户或程序可能正在更新数据表，所以有时会导致用户每次打开游标后，显示的结果都不同。

3. 使用游标

游标顺利打开后，可以使用 FETCH…INTO 语句读取数据，其语法形式如下：

```
FETCH cursor_name INTO var_name [,var_name]…;
```

上述语句中，将游标 cursor_name 中 SELECT 语句的执行结果保存到变量参数 var_name 中。变量参数 var_name 必须在游标使用之前定义。使用游标类似高级语言中的数组遍历，当第一次使用游标时，此时游标指向结果集的第一条记录。

MySQL 的游标是只读的，也就是说，你只能顺序地从开始往后读取结果集，不能从后往前，也不能直接跳到中间的记录。

4. 关闭游标

游标使用完毕后，要及时关闭，在 MySQL 中，使用 CLOSE 关键字关闭游标，其语法格式如下：

```
CLOSE cursor_name;
```

CLOSE 释放游标使用的所有内部内存和资源，因此每个游标不再需要时都应该关闭。在一个游标关闭后，如果没有重新打开，则不能使用它。但是，使用声明过的游标不需要再次声明，用 OPEN 语句打开它即可。

如果你不明确关闭游标，MySQL 将会在到达 END 语句时自动关闭它。游标关闭之后，不能使用 FETCH 关键字使用该游标。

9.4　项目实施

任务 9-1　存储过程

【例 9-20】创建一个 Bookstore 数据库的存储过程，根据会员姓名和书名查询订单，如果订购册数小于 5 本不打折，订购册数为 5～10 本，订购单价打九折，订购册数大于 10 本，订购单价打八折。

```
DELIMITER $$
CREATE PROCEDURE dj_update(IN c_name  CHAR(20 IN b_name CHAR(40)
BEGIN
  DECLARE  bh CHAR(20);
  DECLARE  yhh CHAR(18;
  DECLARE  sl TINYINT;
  SELECT 身份证号 INTO yhh  FROM Members
  WHERE  会员姓名=c_name;
  SELECT 图书编号 INTO bh  FROM Book WHERE  书名=b_name;
  SELECT 订购册数 INTO sl FROM Sell
  WHERE 身份证号=yhh AND 图书编号=bh;
  IF sl>=5 AND sl<=10 THEN
      UPDATE Sell SET 订购单价=订购单价*0.9
        WHERE 身份证号=yhh AND 图书编号=bh;
  ELSE
    IF sl>10 THEN
       UPDATE Sell SET 订购单价=订购单价*0.8
         WHERE 身份证号=yhh AND 图书编号=bh;
    END IF;
  END IF;
END$$
DELIMITER ;
```

接下来调用存储过程调整会员"张三"购买图书"PHP_MySQL 网站制作"的订购单价并查询调用前后的结果。

调用前：

```
SELECT 会员姓名,书名,订购单价,订购册数
FROM Sell JOIN Book ON Sell.图书编号=Book.图书编号
JOIN Members ON Sell.身份证号= Members.身份证号
WHERE 书名='PHP_MySQL网站制作' AND 会员姓名='张三';
```

执行结果如图 9-17 所示。

图 9-17　调用前查询结果

调用存储过程 dj_update：

```
CALL dj_update ('张三', 'PHP_MySQL网站制作');
```

调用后再次实行查询：

```
SELECT 会员姓名,书名,订购单价,订购册数
FROM Sell JOIN Book ON Sell.图书编号=Book.图书编号
JOIN Members ON Sell.身份证号= Members.身份证号
WHERE 书名='PHP_MySQL网站制作' AND 会员姓名='张三';
```

执行结果如图 9-18 所示。

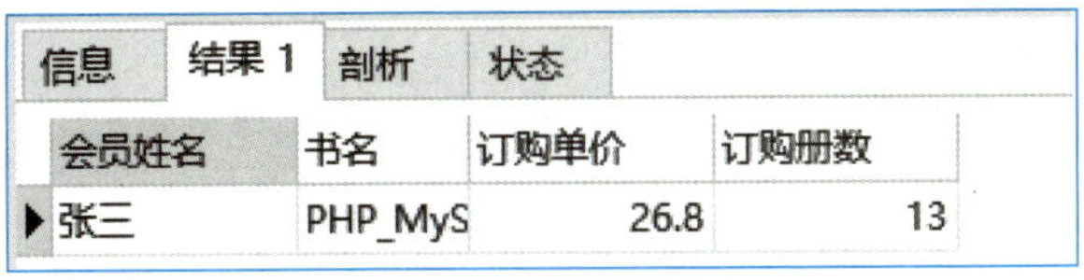

图 9-18 调用后查询结果

通过观察可以发现，张三订购《PHP_MySQL 网站制作》的单价发生了变化，请自行验证。

任务 9-2　AFTER 类型触发器

【例 9-21】在 Bookstore 数据库中创建一个触发器，当删除表 Book 表中某图书的信息时，同时将 Sell 表中与该图书有关的数据全部删除。

```
DELIMITER $$
CREATE TRIGGER book_del AFTER DELETE
    ON Book FOR EACH ROW
    BEGIN
    DELETE FROM Sell WHERE 图书编号=OLD.图书编号;
  END$$
```

执行结果如图 9-19 所示。

图 9-19 创建触发器

现在验证一下触发器的功能：

```
DELETE FROM Book WHERE 图书编号='TP40/04';
```

使用 SELECT 语句查看 Sell 表中的情况：

```
SELECT * FROM Sell WHERE 图书编号='TP40/04';
```

这时可以发现，图书编号为'TP40/04'的图书在 Sell 表中的所有信息已经被删除。

任务 9-3　BEFORE 类型触发器

【例 9-22】在 Bookstore 数据库中创建一个触发器，当修改 Sell 表中订购册数时，如果修改后的订购册数小于 5 本，则触发器将该对应的折扣修改为 1，否则，折扣修改为 0.8。

```
DELIMITER $$
CREATE TRIGGER sell_update BEFORE UPDATE
```

```
    ON Sell FOR EACH ROW
    BEGIN
        IF NEW.订购册数<5 THEN
            UPDATE Book SET 折扣=1 WHERE 图书编号=NEW.图书编号;
        ELSE
            UPDATE Book SET 折扣=0.8 WHERE 图书编号=NEW.图书编号;
        END IF;
    END$$
```

因为是修改了 Sell 表的记录后才执行触发器程序修改 Book 表中的记录,此时 Sell 表中该记录已经修改了,所以只能用 NEW.图书编号表示这个修改后的记录的图书编号,Book 表使用 WHERE 图书编号 =NEW.图书编号条件查找要修改的记录。

现在验证触发器的功能:

```
UPDATE Sell SET 订购册数=4
WHERE 图书编号='TP10/04'  AND 用户号='C0132';
```

使用 SELECT 语句查看 Book 表中的情况:

```
SELECT 图书编号,折扣 FROM Book  WHERE 图书编号='TP10/04';
```

可以发现,订购册数 <5,折扣为 1。

验证触发器的功能:

```
UPDATE Sell SET 订购册数=40
WHERE 图书编号='TP10/04'  AND 用户号='C0132';
```

使用 SELECT 语句查看 Book 表中的情况:

```
SELECT 图书编号,折扣 FROM Book  WHERE 图书编号='TP10/04'
```

可以发现,订购册数 >5,折扣为 0.8。

【例 9-23】在 Bookstore 数据库中创建触发器,实现当向 Sell 表插入一行数据时,根据订购册数对 Book 进行修改。如果订购册数 >10,Book 表中折扣在原折扣基础上再打 0.95 折,否则折扣不变。

```
DELIMITER $$
CREATE TRIGGER Sell_ins AFTER INSERT
  ON Sell FOR EACH ROW
  BEGIN
    IF NEW.订购册数>10 THEN
        UPDATE Book SET 折扣=折扣*.95 WHERE 图书编号=NEW.图书编号;
    END IF;
  END$$
```

现在验证一下触发器的功能:

先查询没插入记录之前图书编号为 TP32/01 的折扣:

项目 9　存储过程、存储函数、触发器

```
SELECT 图书编号,书名,折扣 FROM Book WHERE 图书编号='TP32/01';
```

向 Sell 表插入一行记录：

```
INSERT INTO Sell
VALUES('18','B0022', 'TP32/01',42, 30, '2017-03-05', NULL, NULL, NULL);
```

使用 SELECT 语句查看 Book 表中的情况：

```
SELECT 图书编号,书名,折扣 FROM Book WHERE 图书编号='TP32/01';
```

9.5　小结

通过对存储过程、存储函数、触发器的操作，本项目主要介绍了以下内容：
- 存储过程的创建、调用、查看、修改和删除。
- 存储函数的创建、调用、查看和删除。
- 触发器的创建、查看和删除。

9.6　项目实训 9　学生成绩管理数据库存储过程和触发器的操作

1. 实训目的

① 掌握存储过程的功能和作用。
② 掌握存储过程的创建和管理方法。
③ 掌握存储函数的功能和作用。
④ 掌握存储函数的创建和管理方法。
⑤ 掌握触发器的功能和作用。
⑥ 掌握触发器的创建和管理方法。

2. 实训内容

学生成绩管理系统 xscj 包含学生基本情况表（xs）、课程信息表（kc）和成绩表（xs_kc）。

1）使用查询给变量赋值

① 将学号为 '2017030617' 的姓名赋给变量 EName，再查询学生基本情况表（xs）中姓名等于变量 EName 值的学生信息。

② 编程在一列中返回 xs 表中所有女学生的姓氏，在另一列中返回名字。

2）存储过程

① 创建存储过程，比较两个学生的出生日期，如前者比后者大就输出 0，否则输出 1，并调用该存储过程比较 2017030618 和 2017030624 两学生的年龄大小。

② 调用存储过程。

③ 输出结果。

9.7 练习题

一、简答题

1. 简述使用存储过程的优点。
2. 简述存储函数的语法格式，它与存储过程的区别。
3. 举例说明触发器的作用，它是如何执行的。

二、写 SQL 命令

1. 创建一个存储过程，实现功能是按给定学号删除学生信息。
2. 创建一个存储过程，有学号（xh）和课程号（kch）两个输入参数，要求当学生某门课程的成绩小于 60 分是将其学分修改为 0，大于 60 分时，将学分修改为此课程的学分。
3. 创建一个存储函数，返回 xs 表中学生数为结果。
4. 创建一个触发器，当删除 xs 表中某个学生信息时，同时将其在学生成绩表中与该学生有关的成绩数据全部删除。

9.8 项目实训 9 考评

【学生成绩管理数据库存储过程和触发器的操作】考评记录

姓名			班级		项目评分	
实训地点			学号		完成日期	
	序号	考核内容			标准分	评分
项目实现步骤	1	掌握存储过程的创建和管理方法			15	
	2	掌握存储函数的创建和管理方法			15	
	3	掌握触发器的创建和管理方法			15	
	4	xscj 数据库中使用查询给变量赋值			15	
	5	xscj 数据库中创建存储过程			10	
	6	xscj 数据库中输出存储过程的结果			10	
	7	职业素养			20	
		实训管理：纪律、清洁、安全、整洁、节约等			5	
		团队精神：沟通、协作、互助、自主、积极等			5	
		学习反思：技能表达、反思内容			5	
教师评语						

拓展阅读

在 SQL Server 中，在服务器端实现数据完整性主要有两种手段：一种是在创建表时定义数据完整性，主要分为：实体完整性、域完整性和级联参照完整性；实现的手段是创建主键约束、唯一键约束、检查约束、默认值约束和各种级联完整性约束。另一种是通过编写触发器语句来实现，通过定义触发条件和编写触发后执行语句，来实现对数据表操作的各种约束。

触发器与数据表约束的区别：①可以引用其他表的字段。触发器可以引用其他表，可以包含复杂的 SQL 语句。当对一个表进行修改时，通过触发器按照相关业务规则修改其他表，一旦发现修改过程中出现违背业务规则的情况，可以通过回滚语句，将数据恢复到修改前的状态。②可及时对比数据修改前后的差别。因为触发器中 INSERTED 和 DELETED 临时表的存在，用户可以对操作前后的数据进行比较，从而更加明确数据表更新前后的变化状况。

项目 10

管理数据库

10.1 项目描述

MySQL 提供了有效的数据访问安全机制,应用系统主要从用户和权限等方面来实施数据安全管理。尽管系统中采用了各种措施来保证数据库的安全性和完整性,但硬件故障、软件错误、病毒、误操作或故意破坏仍可能发生。本项目将完成图书借阅系统数据库及相关数据表的备份与恢复,要求拥有权限的用户可以操作访问此数据库。

10.2 职业能力、素养目标

- 掌握用户和数据权限管理。
- 掌握数据的备份与恢复。
- 掌握 MySQL 日志。
- 将数据库的各种完整性迁移到学业和生活场景,同时也使学生更能快速理解数据库的完整性所代表的本质意义。

10.3 相关知识

10.3.1 用户和数据权限管理

用户要访问 MySQL 数据库,首先必须拥有登录到 MySQL 服务器的用户名和口令。登录到服务器后,MySQL 允许用户在其权限内使用数据库资源。MySQL 的安全系统很灵活,它允许以多种不同的方式创建用户和设置用户权限。MySQL 的用户信息存储在 MySQL 自带的 mysql 数据库的 user 表中。

项目 10　管理数据库

1. 用户管理

1）添加用户

用户要访问 MySQL 数据库，首先必须拥有登录到 MySQL 服务器的用户名和口令。登录到服务器后，MySQL 允许用户在其权限内使用数据库资源。MySQL 的安全系统很灵活，它允许以多种不同的方式创建用户和设置用户权限。

可以使用 CREATE USER 语句添加一个或多个用户，并设置相应的密码。

语法格式：

```
CREATE USER 用户名 [IDENTIFIED BY [PASSWORD] '密码']
```

"用户名"的格式为：用户名称 @ 主机名。

CREATE USER 用于创建新的 MySQL 账户。CREATE USER 会在系统本身的 mysql 数据库的 user 表中添加一条新记录。要使用 CREATE USER，必须拥有 mysql 数据库的全局 CREATE USER 权限或 INSERT 权限。如果账户已经存在，则出现错误。

【例 10-1】添加两个新的用户，king 的密码为 queen，palo 的密码为 530415。

```
CREATE USER
    'king'@'localhost' IDENTIFIED BY 'queen',
    'palo'@'localhost' IDENTIFIED BY '530415';
```

说明：

在用户名的后面声明了关键字 localhost。这个关键字指定了用户创建的使用 MySQL 的连接所来自的主机。如果一个用户名和主机名中包含特殊符号如"_"，或通配符如"%"，则需要用单引号将其括起。"%"表示一组主机。

如果两个用户具有相同的用户名但主机不同，MySQL 将其视为不同的用户，允许为这两个用户分配不同的权限集合。

如果没有输入密码，那么 MySQL 允许相关用户不使用密码登录。但是从安全的角度并不推荐这种做法。

刚刚创建的用户还没有很多权限。它们可以登录到 MySQL，但是它们不能使用 USE 语句让用户已经创建的任何数据库成为当前数据库，因此，它们无法访问那些数据库的表，只允许进行不需要权限的操作，例如，用一条 SHOW 语句查询所有存储引擎和字符集的列表。

2）删除用户

语法格式：

```
DROP USER user
```

DROP USER 语句用于删除一个或多个 MySQL 账户，并取消其权限。要使用 DROP USER，必须拥有 mysql 数据库的全局 CREATE USER 权限或 DELETE 权限。

【例 10-2】删除用户 king。

```
DROP USER king@localhost;
```

如果删除的用户已经创建了表、索引或其他数据库对象，它们将继续保留，因为 MySQL 并没有记录是谁创建了这些对象。

可以使用 RENAME USER 语句修改一个已经存在的 SQL 用户的名字。
语法格式：

```
RENAME USER old_user TO new_user
```

【例 10-3】将用户 palo 修改为 ken。

```
RENAME USER 'palo'@'localhost' TO 'ken'@'localhost';
```

若要命令立即生效，可用命令：

```
Flush privileges;
```

3）修改用户名、修改密码

要修改某个用户的登录密码，可以使用 SET PASSWORD 语句。
语法格式：

```
SET  PASSWORD [FOR 用户名]= PASSWORD('密码')
```

说明：

如果不加 FOR 用户名，表示修改当前用户的密码。加了则是修改当前主机上的特定用户的密码。用户名的值必须以 '用户名称'@'主机名' 格式给定。

【例 10-4】将用户 ken 的密码修改为 queen。

```
SET PASSWORD FOR 'ken'@'localhost' = PASSWORD('queen');
```

2．权限控制

1）授予权限

新的 SQL 用户不允许访问属于其他 SQL 用户的表，也不能立即创建自己的表，它必须被授权。可以授予的权限有以下几组。

① 列权限：和表中的一个具体列相关。
② 表权限：和一个具体表中的所有数据相关。
③ 数据库权限：和一个具体的数据库中的所有表相关。
④ 用户权限：和 MySQL 所有的数据库相关。

给某用户授予权限可以使用 GRANT 语句。使用 SHOW GRANTS 语句可以查看当前账户拥有什么权限。

GRANT 语法格式：

```
GRANT   权限1[(列名列表1)] [,权限2 [(列名列表2)]] …
ON [目标] {表名 | * | *.* | 库名.*}
TO 用户1 [IDENTIFIED BY [PASSWORD] '密码1']
[,用户2 [IDENTIFIED BY [PASSWORD] '密码2']] …
[WITH 权限限制1 [权限限制2] …]
```

【例 10-5】授予用户 user1 在 Book 表上的 SELECT 权限。

```
USE Bookstore;
GRANT SELECT
```

```
ON   Book
TO   user1@localhost;
```

若在 TO 子句中给存在的用户指定密码,则新密码将原密码覆盖。如果权限授予了一个不存在的用户,MySQL 会自动执行一条 CREATE USER 语句创建这个用户,但必须为该用户指定密码。

【例 10-6】授予 user1 在 Book 表上的图书编号列和书名列的 UPDATE 权限。

```
GRANT UPDATE(图书编号, 书名)
ON   Book
TO   user1@localhost;
```

2)授予数据库权限

在 GRANT 语法格式中,授予数据库权限时 ON 关键字后面跟"*"和"库名.*"。"*"表示当前数据库中的所有表;"库名.*"表示某个数据库中的所有表。

【例 10-7】授予 user1 在 Bookstore 数据库中所有表的 SELECT 权限。

```
GRANT SELECT
   ON  Bookstore.*
    TO  user1@localhost;
```

这个权限适用于所有已有的表,以及此后添加到 Bookstore 数据库中的任何表。

【例 10-8】授予 user1 在 Bookstore 数据库中拥有所有数据库权限。

```
USE Bookstore;
GRANT   ALL
   ON  *
      TO user1@localhost;
```

3)授予用户权限

最有效率的权限就是用户权限,对于需要授予数据库权限的所有语句,也可以定义在用户权限上。例如,在用户级别上授予某人 CREATE 权限,这个用户可以创建一个新的数据库,也可以在所有数据库(而不是特定数据库)中创建新表。

MySQL 授予用户权限时 priv_type 还可以是以下值。

- CREATE USER:给予用户创建和删除新用户的权力。
- SHOW DATABASES:给予用户使用 SHOW DATABASES 语句查看所有已有数据库定义的权利。

在 GRANT 语法格式中,授予用户权限时 ON 子句中使用"*.*",表示所有数据库的所有表。

【例 10-9】授予 Peter 对所有数据库中所有表的 CREATE、ALTERT 和 DROP 权限。

```
GRANT   CREATE ,ALTER ,DROP
   ON  *.*
    TO  Peter@localhost IDENTIFIED BY 'ppwd';
```

【例 10-10】授予 Peter 创建新用户的权力。

```
GRANT   CREATE   USER
   ON   *.*
    TO   Peter@localhost;
```

4)权限的转移和限制

GRANT 语句的最后可以使用 WITH 子句。如果指定为 WITH GRANT OPTION，则表示 TO 子句中指定的所有用户都有把自己所拥有的权限授予其他用户的权利，而不管其他用户是否拥有该权限。

【例 10-11】 授予 user3 在 Book 表上的 SELECT 权限，并允许其将该权限授予其他用户。

首先在 root 用户下授予 user3 用户 SELECT 权限：

```
GRANT SELECT
    ON  Bookstore.Book
    TO  user3@localhost IDENTIFIED BY '123456'
```

接着，以 user3 用户身份登录 MySQL，登录后，user3 用户只有查询 Bookstore 数据库中 Book 表的权利，它可以把这个权限传递给其他用户（这里假设用户 Jim 已经创建）：

```
GRANT SELECT
    ON  Bookstore.Book
    TO Jim@localhost;
```

5)权限的限制

WITH 子句也可以对一个用户授予使用限制，其中：

MAX_QUERIES_PER_HOUR 次数：表示每小时可以查询数据库的次数。
MAX_CONNECTIONS_PER_HOUR 次数：表示每小时可以连接数据库的次数。
MAX_UPDATES_PER_HOUR 次数：表示每小时可以修改数据库的次数。
MAX_USER_CONNECTIONS 次数：表示同时连接 MySQL 的最大用户数。
"次数"是一个数值，对于前三个指定次数如果为 0 则表示不起限制作用。

【例 10-12】 授予 Jim 每小时只能处理一条 SELECT 语句的权限。

```
GRANT SELECT
  ON  Book
      TO   Jim@localhost
 WITH   MAX_QUERIES_PER_HOUR 1;
```

6)回收权限

要从一个用户回收权限，但不从 USER 表中删除该用户，可以使用 REVOKE 语句，这条语句和 GRANT 语句格式相似，但具有相反的效果。要使用 REVOKE，用户必须拥有 mysql 数据库的全局 CREATE USER 权限或 UPDATE 权限。

用来回收某些特定的权限的语法格式：

```
REVOKE   权限1[(列名列表1)]  [,权限2 [(列名列表2)]] …
    ON  {表名 | * | *.* | 库名.*}
     FROM 用户1 [,用户2 ]…
```

回收所有该用户的权限语法格式：

```
REVOKE ALL PRIVILEGES, GRANT OPTION FROM 用户名
```

【例 10-13】 回收用户 user3 在 Book 表上的 SELECT 权限。

```
REVOKE SELECT
   ON Book
   FROM user3@localhost;
```

10.3.2 数据的备份与恢复

尽管采取了一些管理措施来保证数据库的安全，但是在不确定的意外情况下，总是有可能造成数据的损失。例如，意外的停电，不小心的操作失误等都可能造成数据的丢失。所以为了保证数据的安全，需要定期对数据进行备份。如果数据库中的数据出现了错误，就需要使用备份好的数据进行数据还原，这样可以将损失降至最低。MySQL 提供了多种方法对数据进行备份和恢复。

1. 数据库为什么需要备份

任何数据库都需要备份，备份数据是维护数据库必不可少的操作。在学习如何备份数据之前，先了解一下数据库备份是为了应对哪些场景？为什么数据库需要备份？备份就是为了防止原数据丢失，保证数据的安全。当数据库因为某些原因造成部分或者全部数据丢失后，备份文件可以帮助用户找回丢失的数据。因此，数据备份是很重要的工作。

常见数据库中的数据丢失或被破坏的可能原因如下：

① 计算机硬件故障。由于使用不当或产品质量等原因，计算机硬件可能会出现故障，不能使用。如硬盘损坏会使得存储于其上的数据丢失。

② 软件故障。由于软件设计上的失误或用户使用不当，软件系统可能会误操作数据引起数据破坏。

③ 病毒。破坏性病毒会破坏系统软件、硬件和数据。

④ 误操作。如用户误使用了 DELETE、UPDATE 等命令而引起数据丢失或破坏。

⑤ 自然灾害。如火灾、洪水或地震等，它们会造成极大的破坏，会毁坏计算机系统及其数据。

⑥ 盗窃。一些重要数据可能会被盗窃。

因此，必须制作数据库的副本，即进行数据库备份，在数据库遭到破坏时能够修复数据库，即进行数据库恢复，数据库恢复就是把数据库从错误状态恢复到某一正确状态。

备份和恢复数据库也可以用于其他目的，如可以通过备份与恢复将数据库从一个服务器移动或复制到另一个服务器。

有多种可能会导致数据表丢失或者服务器崩溃，一个简单的 DROP TABLE 或者 DROP DATABASE 语句，就会让数据表化为乌有。更危险的是 DELETE * FROM table_name，可以轻易地清空数据表，而这样的错误是很容易发生的。

因此，拥有能够恢复数据的功能对于一个数据库系统来说是非常重要的。MySQL 有三种保证数据安全的方法。

① 数据库备份：通过导出数据或者表文件的副本来保护数据。

② 二进制日志文件：保存更新数据的所有语句。

③ 数据库复制：MySQL 内部复制功能建立在两个或两个以上服务器之间，通过设定它们之间的主从关系实现的。其中一个作为主服务器，其他的作为从服务器。

本项目主要介绍前两种方法。

数据库恢复就是当数据库出现故障时，将备份的数据库加载到系统，从而使数据库恢复到备份时的正确状态。

恢复是与备份相对应的系统维护和管理操作，系统进行恢复操作时，先执行一些系统安全性的检查，包括检查所要恢复的数据库是否存在、数据库是否变化及数据库文件是否兼容等，然后根据所采用的数据库备份类型采取相应的恢复措施。

2. 数据库备份

数据库的主要作用是对数据进行保存和维护，所以备份数据是数据库管理中最常用的操作。为了防止数据库意外崩溃或硬件损伤而导致的数据丢失，数据库系统提供了备份和恢复策略。保证数据安全的最重要的一个措施就是定期对数据库进行备份。这样即使发生了意外，也会把损失降到最低。

数据库备份是指通过导出数据或者复制表文件的方式制作数据库的副本。当数据库出现故障或遭到破坏时，将备份的数据库加载到系统，从而使数据库从错误状态恢复到备份时的正确状态。

MySQL 中提供了两种备份方式，即 mysqldump 命令以及 mysqlhotcopy 脚本。由于 mysqlhotcopy 只能用于 MyISAM 表，所以 MySQL 5.7 移除了 mysqlhotcopy 脚本。下面介绍如何使用 mysqldump 命令备份数据库。

执行 mysqldump 命令时，可以将数据库中的数据备份成一个文本文件。数据表的结构和数据将存储在生成的文本文件中。

1）备份一个数据库

使用 mysqldump 命令备份一个数据库的语法格式如下：

```
mysqldump -u username -p dbname [tbname ...]> filename.sql
```

参数说明如下：

- username：表示用户名称。
- dbname：表示需要备份的数据库名称。
- tbname：表示数据库中需要备份的数据表，可以指定多个数据表。省略该参数时，会备份整个数据库。
- 右箭头">"：告诉 mysqldump 命令将备份数据表的定义和数据写入备份文件。
- filename.sql：表示备份文件的名称，文件名前面可以加绝对路径。通常将数据库备份成一个扩展名为 .sql 的文件。

注意：mysqldump 命令备份的文件并非一定要求扩展名为 .sql，备份成其他格式的文件也是可以的（如扩展名为 .txt 的文件）。通常情况下，建议备份成扩展名为 .sql 的文件。因为，扩展名为 .sql 的文件给人的第一感觉就是与数据库有关的文件。

【例 10-14】使用 root 用户备份 xscj 数据库下的 xs 表。打开命令行（cmd）窗口，输入备份命令和密码，运行过程如下：

```
C:\Program Files\MySQL\MySQL Server 8.0\bin>mySQLdump -u root -p xscj xs>c:\student.sql
Enter password: ****
```

注意：mysqldump 命令必须在 cmd 窗口下执行，不能登录到 MySQL 服务中执行。

输入密码后，MySQL 会对 test 数据库下的 student 数据表进行备份。之后就可以在指定路径下查看刚才备份过的文件了。

student.sql 文件中的部分内容如下：

```sql
-- MySQL dump 10.13  Distrib 8.0.28, for Win64 (x86_64)
--
-- Host: localhost    Database: xscj
-- ------------------------------------------------------
-- Server version       8.0.28
/*!40101 SET @OLD_CHARACTER_SET_CLIENT=@@CHARACTER_SET_CLIENT */;
/*!40101 SET @OLD_CHARACTER_SET_RESULTS=@@CHARACTER_SET_RESULTS */;
/*!40101 SET @OLD_COLLATION_CONNECTION=@@COLLATION_CONNECTION */;
/*!50503 SET NAMES utf8mb4 */;
/*!40103 SET @OLD_TIME_ZONE=@@TIME_ZONE */;
/*!40103 SET TIME_ZONE='+00:00' */;
/*!40014 SET @OLD_UNIQUE_CHECKS=@@UNIQUE_CHECKS, UNIQUE_CHECKS=0 */;
/*!40014 SET @OLD_FOREIGN_KEY_CHECKS=@@FOREIGN_KEY_CHECKS, FOREIGN_KEY_CHECKS=0 */;
/*!40101 SET @OLD_SQL_MODE=@@SQL_MODE, SQL_MODE='NO_AUTO_VALUE_ON_ZERO' */;
/*!40111 SET @OLD_SQL_NOTES=@@SQL_NOTES, SQL_NOTES=0 */;
--
-- Table structure for table 'xs'
--
DROP TABLE IF EXISTS 'xs';
/*!40101 SET @saved_cs_client     = @@character_set_client */;
/*!50503 SET character_set_client = utf8mb4 */;
CREATE TABLE 'xs' (
  '学号' char(10) CHARACTER SET utf8 COLLATE utf8_general_ci NOT NULL,
  '姓名' varchar(10) CHARACTER SET utf8 COLLATE utf8_general_ci NOT NULL,
  '性别' char(2) CHARACTER SET utf8 COLLATE utf8_general_ci DEFAULT NULL,
  '籍贯' char(10) CHARACTER SET utf8 COLLATE utf8_general_ci DEFAULT NULL,
  '出生日期' date DEFAULT NULL,
  '寝室号' char(3) CHARACTER SET utf8 COLLATE utf8_general_ci DEFAULT NULL,
  '备注' varchar(20) CHARACTER SET utf8 COLLATE utf8_general_ci DEFAULT NULL,
  '联系方式' char(11) CHARACTER SET utf8 COLLATE utf8_general_ci DEFAULT NULL,
  PRIMARY KEY ('学号') USING BTREE
) ENGINE=InnoDB DEFAULT CHARSET=utf8mb3 ROW_FORMAT=DYNAMIC;
/*!40101 SET character_set_client = @saved_cs_client */;
--
-- Dumping data for table 'xs'
--
LOCK TABLES 'xs' WRITE;
/*!40000 ALTER TABLE 'xs' DISABLE KEYS */;
INSERT INTO 'xs' VALUES
('2017030591','郭承艳','女','江西','1997-03-01','619',NULL,'1*875645879'),
('2017030592','李静','女','湖北','1997-12-05','619',NULL,'1*765470213'),
('2017030593','胥文霞','女','湖北','1997-06-01','619',NULL,'1*546987564'),
('2017030594','赵瑾瑾','女','山西','1997-03-02','619',NULL,'1*188642579'),
('2017030595','李梦圆','女','湖北','1997-12-06','619','学委','1*412453654'),
('2017030596','宋佳炜','女','河北','1997-06-02','620',NULL,'1*611231458'),
('2017030597','张洁','女','四川','1997-03-03','620',NULL,'1*415642587'),
```

```
('2017030598','曹壮壮','男','湖北','1997-12-07','620',NULL,'1*415486888'),
('2017030599','高嘉成','男','湖北','1997-06-03','620',NULL,'1*245874456'),
('2017030600','柯猛','男','湖北','1997-03-04','620',NULL,'1*711441234'),
('2017030601','张锦涛','男','广东','1997-12-08','621',NULL,'1*341245874'),
('2017030602','江涵','男','湖北','1997-06-04','621',NULL,'1*144566625'),
('2017030603','刘世民','男','湖北','1997-03-05','621',NULL,'1*454672541'),
('2017030604','舒航','男','湖北','1997-12-09','621',NULL,'1*241581145'),
('2017030605','夏哲','男','湖北','1997-06-05','621',NULL,'1*644561238'),
('2017030606','杜铭星','男','湖北','1997-03-06','621',NULL,'1*425412245'),
('2017030607','范德财','男','湖北','1997-12-10','622',NULL,'1*154124413'),
('2017030608','吕政','男','湖北','1997-06-06','622',NULL,'1*154654598'),
('2017030609','南博','男','湖北','1997-03-07','622',NULL,'1*845765523'),
('2017030610','唐伟彬','男','广西','1997-12-11','622',NULL,'1*174136654'),
('2017030611','董天翔','男','湖北','1997-06-07','622',NULL,'1*845241352'),
('2017030612','张雪爽','男','湖北','1997-03-08','623',NULL,'1*238546548'),
('2017030613','黄昊然','男','广东','1997-12-12','623',NULL,'1*146835546'),
('2017030614','蒋焱凯','男','湖北','1997-06-08','623',NULL,'1*145156469'),
('2017030615','王虹宇','男','湖北','1997-03-09','623',NULL,'1*542452145'),
('2017030616','李进','男','湖北','1997-12-13','623','班长','1*546987557'),
('2017030617','余聪','男','湖北','1997-06-09','623',NULL,'1*145687985'),
('2017030618','邓长浩','男','湖北','1997-03-10','624',NULL,'1*135121254'),
('2017030619','黄飞鸿','男','湖北','1997-12-14','624',NULL,'1*868547512'),
('2017030620','阮驰明','男','湖北','1997-06-10','624',NULL,'1*215462545'),
('2017030621','张腾尧','男','湖北','1997-03-11','624',NULL,'1*145562541'),
('2017030622','胡志安','男','湖北','1997-12-15','624',NULL,'1*325465577'),
('2017030623','康子傲','男','安徽','1997-06-11','625',NULL,'1*120155541'),
('2017030624','彭露','男','湖北','1997-03-12','625',NULL,'1*454211456'),
('2017030625','张鹏','男','湖北','1997-12-16','625',NULL,'1*546855546'),
('2017030626','邓孟韩','男','湖北','1997-06-12','625',NULL,'1*458741546'),
('2017030627','王寂寥','男','湖北','1997-03-13','625','团支书','1*456845548'),
('2017030628','高佳航','男','湖北','1997-12-17','626',NULL,'1*154461254'),
('2017030629','邵晨','男','湖北','1997-06-13','626',NULL,'1*825468544'),
('2017030630','金博','男','广西','1997-03-14','626',NULL,'1*895463214');
/*!40000 ALTER TABLE 'xs'x ENABLE KEYS */;
UNLOCK TABLES;
/*!40103 SET TIME_ZONE=@OLD_TIME_ZONE */;
/*!40101 SET SQL_MODE=@OLD_SQL_MODE */;
/*!40014 SET FOREIGN_KEY_CHECKS=@OLD_FOREIGN_KEY_CHECKS */;
/*!40014 SET UNIQUE_CHECKS=@OLD_UNIQUE_CHECKS */;
/*!40101 SET CHARACTER_SET_CLIENT=@OLD_CHARACTER_SET_CLIENT */;
/*!40101 SET CHARACTER_SET_RESULTS=@OLD_CHARACTER_SET_RESULTS */;
/*!40101 SET COLLATION_CONNECTION=@OLD_COLLATION_CONNECTION */;
/*!40111 SET SQL_NOTES=@OLD_SQL_NOTES */;
-- Dump completed on 2022-10-17  1:29:19
```

student.sql 文件开头记录了 MySQL 的版本、备份的主机名和数据库名。

文件中,以"--"开头的都是 SQL 的注释。以"/*!40101"等形式开头的是与 MySQL 有关的注释。40101 是 MySQL 数据库的版本号,这里表示 MySQL 4.1.1。如果恢复数据时,MySQL 的版本比 4.1.1 高,"/*!40101"和"*/"之间的内容被当作 SQL 命令来执行。如果比 4.1.1 低,"/*!40101"和"*/"

之间的内容被当作注释。"/*!"和"*/"中的内容在其他数据库中将被作为注释忽略，这可以提高数据库的可移植性。

DROP 语句、CREATE 语句和 INSERT 语句都是数据库恢复时使用的；"DROP TABLE IF EXISTS 'student'"语句用来判断数据库中是否还有名为 student 的表，如果存在，就删除这个表；CREATE 语句用来创建 student 表；INSERT 语句用来恢复所有数据。文件的最后记录了备份的时间。

注意：上面 student.sql 文件中没有创建数据库的语句，因此，student.sql 文件中的所有表和记录必须恢复到一个已经存在的数据库中。恢复数据时，CREATE TABLE 语句会在数据库中创建表，然后执行 INSERT 语句向表中插入记录。

2）备份多个数据库

如果要使用 mysqldump 命令备份多个数据库，需要使用 --databases 参数。备份多个数据库的语法格式如下：

```
mysqldump -u username -P --databases dbname1 dbname2 … > filename.sql
```

加上"--databases"参数后，必须指定至少一个数据库名称，多个数据库名称之间用空格隔开。

```
mysqldump -u root -p --databases xscj tsjy>C:\xscj_and_tsjy.sql
```

执行完后，可以在 C:\ 下面看到名为 xscj_and_tsjy.sql 的文件，这个文件中存储着这两个数据库的信息。

3）备份所有数据库

mysqldump 命令备份所有数据库的语法格式如下：

```
mysqldump -u username -P --all-databases>filename.sql
```

使用"--all-databases"参数时，不需要指定数据库名称。

【例 10-15】下面使用 root 用户备份所有数据库。命令如下：

```
mysqldump -u root -p --all-databases > C:\all.sql
```

执行完后，可以在 C:\ 下面看到名为 all.sql 的文件，这个文件中存储着所有数据库的信息。

3. 恢复数据库

当数据丢失或意外损坏时，可以通过恢复已经备份的数据尽量减少数据的丢失和破坏造成的损失。下面介绍如何对备份数据进行恢复操作。

前面使用 mysqldump 命令将数据库中的数据备份成一个 SQL 文件或者是文本文件，且备份文件中通常包含 CREATE 语句和 INSERT 语句。

在 MySQL 中，可以使用 mysql 命令恢复备份的数据。mysql 命令可以执行备份文件中的 CREATE 语句和 INSERT 语句，也就是说，mysql 命令可以通过 CREATE 语句创建数据库和表，通过 INSERT 语句插入备份数据。mysql 命令的语法格式如下：

```
mysql -u username -P [dbname] < filename.sql
```

其中：

- username：表示用户名称。
- dbname：表示数据库名称，该参数是可选参数。如果 filename.sql 文件为 mysqldump 命令创建的包含创建数据库语句的文件，则执行时不需要指定数据库名。如果指定的数据库名不存在将会报错。
- filename.sql：表示备份文件的名称。

注意：mysql 命令和 mysqldump 命令一样，都直接在命令行（cmd）窗口下执行。

【例 10-16】使用 root 用户恢复所有数据库，命令如下：

```
mysql -u root -p < C:\all.sql
```

执行完后，MySQL 数据库就已经恢复了 all.sql 文件中的所有数据库。

注意：如果使用 --all-databases 参数备份了所有的数据库，那么恢复时不需要指定数据库。因为，其对应的 sql 文件中含有 CREATE DATABASE 语句，可以通过该语句创建数据库。创建数据库之后，可以执行 sql 文件中的 USE 语句选择数据库，然后在数据库中创建表并且插入记录。

4. 数据导出

通过对数据表的导入导出，可以实现 MySQL 数据库服务器与其他数据库服务器间移动数据。导出是指将 MySQL 数据表的数据复制到文本文件。数据导出的方式有多种，下面介绍使用 SELECTI…INTO OUTFILE 语句导出数据。

在 MySQL 中，可以使用 SELECTI…INTO OUTFILE 语句将表的内容导出成一个文本文件。SELECT…INTO OUTFILE 语句基本格式如下：

```
SELECT 列名 FROM table [WHERE 语句] INTO OUTFILE '目标文件'[OPTIONS]
```

该语句用 SELECT 查询所需要的数据，用 INTO OUTFILE 导出数据。其中，目标文件用来指定将查询的记录导出到哪个文件。这里需要注意的是，目标文件不能是一个已经存在的文件。

[OPTIONS] 为可选参数选项，OPTIONS 部分的语法包括 FIELDS 和 LINES 子句，其常用的取值有：

- FIELDS TERMINATED BY '字符串'：设置字符串为字段之间的分隔符，可以为单个或多个字符，默认情况下为制表符 '\t'。
- FIELDS [OPTIONALLY] ENCLOSED BY '字符'：设置字符来括住字段的值，只能为单个字符，CHAR、VARCHAR 和 TEXT 等字符型字段均可。如果使用了 OPTIONALLY 则只能用来括住 CHAR 和 VARCHAR 等字符型字段。
- FIELDS ESCAPED BY '字符'：设置如何写入或读取特殊字符，只能为单个字符，即设置转义字符，默认值为 '\'。
- LINES STARTING BY '字符串'：设置每行开头的字符，可以为单个或多个字符，默认情况下不使用任何字符。
- LINES TERMINATED BY '字符串'：设置每行结尾的字符，可以为单个或多个字符，默认值为 '\n'。

注意：FIELDS 和 LINES 两个子句都是自选的，但是如果两个都被指定了，FIELDS 必须位于 LINES 的前面。

【例 10-17】使用 SELECT…INTO OUTFILE 语句导出 xscj 数据库中的 xs 表中的记录。SQL 语句和运行结果如下：

```
SELECT * FROM xscj.xs INTO OUTFILE 'C://student.txt';
```

然后根据导出的路径找到 student.txt 文件，文件内容如下：

2017030591	郭承艳	女	江西	1997-03-01	619	\N	1*875645879
2017030592	李静	女	湖北	1997-12-05	619	\N	1*765470213
2017030593	胥文霞	女	湖北	1997-06-01	619	\N	1*546987564
2017030594	赵瑾瑾	女	山西	1997-03-02	619	\N	1*188642579
2017030595	李梦圆	女	湖北	1997-12-06	619	学委	1*412453654
2017030596	宋佳炜	女	河北	1997-06-02	620	\N	1*611231458
2017030597	张洁	女	四川	1997-03-03	620	\N	1*415642587
2017030598	曹壮壮	男	湖北	1997-12-07	620	\N	1*415486888
2017030599	高嘉成	男	湖北	1997-06-03	620	\N	1*245874456
2017030600	柯猛	男	湖北	1997-03-04	620	\N	1*711441234
2017030601	张锦涛	男	广东	1997-12-08	621	\N	1*341245874
2017030602	江涵	男	湖北	1997-06-04	621	\N	1*144566625
2017030603	刘世民	男	湖北	1997-03-05	621	\N	1*454672541
2017030604	舒航	男	湖北	1997-12-09	621	\N	1*241581145
2017030605	夏哲	男	湖北	1997-06-05	621	\N	1*644561238
2017030606	杜铭星	男	湖北	1997-03-06	621	\N	1*425412245
2017030607	范德财	男	湖北	1997-12-10	622	\N	1*154124413
2017030608	吕政	男	湖北	1997-06-06	622	\N	1*154654598
2017030609	南博	男	湖北	1997-03-07	622	\N	1*845765523
2017030610	唐伟彬	男	广西	1997-12-11	622	\N	1*174136654
2017030611	董天翔	男	湖北	1997-06-07	622	\N	1*845241352
2017030612	张雪爽	男	湖北	1997-03-08	623	\N	1*238546548
2017030613	黄昊然	男	广东	1997-12-12	623	\N	1*146835546
2017030614	蒋焱凯	男	湖北	1997-06-08	623	\N	1*145156469
2017030615	王虹宇	男	湖北	1997-03-09	623	\N	1*542452145
2017030616	李进	男	湖北	1997-12-13	623	班长	1*546987557
2017030617	余聪	男	湖北	1997-06-09	623	\N	1*145687985
2017030618	邓长浩	男	湖北	1997-03-10	624	\N	1*135121254
2017030619	黄飞鸿	男	湖北	1997-12-14	624	\N	1*868547512
2017030620	阮驰明	男	湖北	1997-06-10	624	\N	1*215462545
2017030621	张腾尧	男	湖北	1997-03-11	624	\N	1*145562541
2017030622	胡志安	男	湖北	1997-12-15	624	\N	1*325465577
2017030623	康子傲	男	安徽	1997-06-11	625	\N	1*120155541
2017030624	彭露	男	湖北	1997-03-12	625	\N	1*454211456
2017030625	张鹏	男	湖北	1997-12-16	625	\N	1*546855546
2017030626	邓孟韩	男	湖北	1997-06-12	625	\N	1*458741546
2017030627	王寂寥	男	湖北	1997-03-13	625	团支书	1*456845548
2017030628	高佳航	男	湖北	1997-12-17	626	\N	1*155461254
2017030629	邵晨	男	湖北	1997-06-13	626	\N	1*825468544
2017030630	金博	男	广西	1997-03-14	626	\N	1*895463214

导出 xs 表数据成功。

注意：导出时可能会出现下面的错误：

```
The MySQL server is running with the --secure-file-priv option so it cannot execute this statement
```

这是因为 MySQL 限制了数据的导出路径。MySQL 只能导入导出 secure-file-priv 变量指定路径下的文件。

【例 10-18】使用 SELECT…INTO OUTFILE 语句将 test 数据库中的 person 表中的记录导出到文本文件，使用 FIELDS 选项和 LINES 选项，要求字段之间用"、"隔开，字符型数据用双引号括起来。每条记录以"−"开头。SQL 语句如下：

```
SELECT * FROM xscj.xs INTO OUTFILE 'C:/student2.txt'
    FIELDS TERMINATED BY '\、'
    OPTIONALLY ENCLOSED BY '\"'
    LINES STARTING BY '\-'
    TERMINATED BY '\r\n';
```

其中：
- FIELDS TERMINATED BY '、'：表示字段之间用"、"分隔。
- ENCLOSED BY '\"'：表示每个字段都用双引号括起来。
- LINES STARTING BY '\-'：表示每行以"−"开头。
- TERMINATED BY '\r\n' 表示每行以回车换行符结尾，保证每一条记录占一行。

student2.txt 文件内容如下：

```
-"2017030591"、"郭承艳"、"女"、"江西"、"1997-03-01"、"619"、\N、"1*875645879"
-"2017030592"、"李静"、"女"、"湖北"、"1997-12-05"、"619"、\N、"1*765470213"
-"2017030593"、"胥文霞"、"女"、"湖北"、"1997-06-01"、"619"、\N、"1*546987564"
-"2017030594"、"赵瑾瑾"、"女"、"山西"、"1997-03-02"、"619"、\N、"1*188642579"
-"2017030595"、"李梦圆"、"女"、"湖北"、"1997-12-06"、"619"、"学委"、"1*412453654"
-"2017030596"、"宋佳炜"、"女"、"河北"、"1997-06-02"、"620"、\N、"1*611231458"
-"2017030597"、"张洁"、"女"、"四川"、"1997-03-03"、"620"、\N、"1*415642587"
-"2017030598"、"曹壮壮"、"男"、"湖北"、"1997-12-07"、"620"、\N、"1*415486888"
-"2017030599"、"高嘉成"、"男"、"湖北"、"1997-06-03"、"620"、\N、"1*245874456"
-"2017030600"、"柯猛"、"男"、"湖北"、"1997-03-04"、"620"、\N、"1*711441234"
-"2017030601"、"张锦涛"、"男"、"广东"、"1997-12-08"、"621"、\N、"1*341245874"
-"2017030602"、"江涵"、"男"、"湖北"、"1997-06-04"、"621"、\N、"1*144566625"
-"2017030603"、"刘世民"、"男"、"湖北"、"1997-03-05"、"621"、\N、"1*454672541"
-"2017030604"、"舒航"、"男"、"湖北"、"1997-12-09"、"621"、\N、"1*241581145"
-"2017030605"、"夏哲"、"男"、"湖北"、"1997-06-05"、"621"、\N、"1*644561238"
-"2017030606"、"杜铭星"、"男"、"湖北"、"1997-03-06"、"621"、\N、"1*425412245"
-"2017030607"、"范德财"、"男"、"湖北"、"1997-12-10"、"622"、\N、"1*154124413"
-"2017030608"、"吕政"、"男"、"湖北"、"1997-06-06"、"622"、\N、"1*154654598"
-"2017030609"、"南博"、"男"、"湖北"、"1997-03-07"、"622"、\N、"1*845765523"
-"2017030610"、"唐伟彬"、"男"、"广西"、"1997-12-11"、"622"、\N、"1*174136654"
-"2017030611"、"董天翔"、"男"、"湖北"、"1997-06-07"、"622"、\N、"1*845241352"
-"2017030612"、"张雪爽"、"男"、"湖北"、"1997-03-08"、"623"、\N、"1*238546548"
-"2017030613"、"黄昊然"、"男"、"广东"、"1997-12-12"、"623"、\N、"1*146835546"
-"2017030614"、"蒋焱凯"、"男"、"湖北"、"1997-06-08"、"623"、\N、"1*145156469"
-"2017030615"、"王虹宇"、"男"、"湖北"、"1997-03-09"、"623"、\N、"1*542452145"
-"2017030616"、"李进"、"男"、"湖北"、"1997-12-13"、"623"、"班长"、"1*546987557"
-"2017030617"、"余聪"、"男"、"湖北"、"1997-06-09"、"623"、\N、"1*145687985"
-"2017030618"、"邓长浩"、"男"、"湖北"、"1997-03-10"、"624"、\N、"1*135121254"
```

```
-"2017030619"、"黄飞鸿"、"男"、"湖北"、"1997-12-14"、"624"、\N、"1*868547512"
-"2017030620"、"阮驰明"、"男"、"湖北"、"1997-06-10"、"624"、\N、"1*215462545"
-"2017030621"、"张腾尧"、"男"、"湖北"、"1997-03-11"、"624"、\N、"1*145562541"
-"2017030622"、"胡志安"、"男"、"湖北"、"1997-12-15"、"624"、\N、"1*325465577"
-"2017030623"、"康子傲"、"男"、"安徽"、"1997-06-11"、"625"、\N、"1*120155541"
-"2017030624"、"彭露"、"男"、"湖北"、"1997-03-12"、"625"、\N、"1*454211456"
-"2017030625"、"张鹏"、"男"、"湖北"、"1997-12-16"、"625"、\N、"1*546855546"
-"2017030626"、"邓孟韩"、"男"、"湖北"、"1997-06-12"、"625"、\N、"1*458741546"
-"2017030627"、"王寂寥"、"男"、"湖北"、"1997-03-13"、"625"、"团支书"、"1*456845548"
-"2017030628"、"高佳航"、"男"、"湖北"、"1997-12-17"、"626"、\N、"1*155461254"
-"2017030629"、"邵晨"、"男"、"湖北"、"1997-06-13"、"626"、\N、"1*825468544"
-"2017030630"、"金博"、"男"、"广西"、"1997-03-14"、"626"、\N、"1*895463214"
```

可以看到,每条记录都以"-"开头,每个数据之间以都以"、"隔开,所有字段值都被双引号包括。

5. 数据恢复

数据库恢复是指以备份为基础,与备份相对应的系统维护和管理操作。系统进行恢复操作时,先执行一些系统安全性方面的检查,包括检查所要恢复的数据库是否存在、数据库是否变化及数据库文件是否兼容等,然后根据所采用的数据库备份类型采取相应的恢复措施。

数据库恢复机制设计的两个关键问题是:第一,如何建立冗余数据;第二,如何利用这些冗余数据实施数据库恢复。建立冗余数据最常用的技术是数据转储和登录日志文件。通常在一个数据库系统中,这两种方法是一起使用的。

可使用 LOAD DATA…INFILE 语句恢复先前备份的数据。

用户可以使用 SELECT INTO…OUTFILE 语句把表数据导出到一个文本文件中,并用 LOAD DATA…INFILE 语句恢复数据。

```
SELECT * INTO  OUTFILE '文件名' 输出选项
    | DUMPFILE '文件名'
```

其中,"输出选项"为:

```
[FIELDS
    [TERMINATED BY 'string']
    [[OPTIONALLY] ENCLOSED BY 'char']
    [ESCAPED BY 'char' ]
]
[LINES  TERMINATED BY 'string' ]
```

这种方法只能导出或导入数据的内容,不包括表的结构,如果表的结构文件损坏,则必须先恢复原来的表的结构。

LOAD DATA…INFILE 语句是 SELECT INTO…OUTFILE 语句的补语,该语句可以将一个文件中的数据导入到数据库中。

语法格式:

```
LOAD DATA INFILE '文件名.txt'
    INTO TABLE 表名
    [FIELDS
```

```
        [TERMINATED BY 'string']
        [[OPTIONALLY] ENCLOSED BY 'char']
        [ESCAPED BY 'char' ]
    ]
    [LINES
        [STARTING BY 'string']
        [TERMINATED BY 'string']
    ]
```

【例 10-19】备份 tsjy 数据库 members 表中数据到 D 盘 myfile1.txt，数据格式采用系统默认格式。
首先导出数据：

```
USE tsjy;
    SELECT * FROM  Members
         INTO OUTFILE 'D:/myfile1.txt';
```

导出成功后可以查看 D 盘 FILE 文件夹下的 myfile1.txt 文件。

```
#hy00001    452013199911161535    赵龙      1*154649854    2004-11-16
#hy00003    452013198501242051    诸葛秦明   1*411241548    1990-01-24
#hy00004    452013196612232541    钱学三    1*413696487    1971-12-23
#hy00005    452013200602542205    孙少华    1*824671468    2011-02-24
#hy00006    452013200012245469    孙自立    1*164253652    2005-12-24
#hy00007    452013201512010022    李雪      1*487954682    2020-12-01
#hy00008    452013198011260126    李丽珍    1*854684765    1985-11-26
#hy00009    452013200408202234    郑子怡    1*345875464    2009-08-20
#hy00010    452013201507239561    徐子文    1*345685412    2020-07-23
#hy00011    452013200611193254    许雯      1*254685546    2011-11-19
#hy00012    452013196402025431    吴壮志    1*155463555    1969-02-02
#hy00013    452013198505243568    吴琳      1*845765564    1990-05-24
#hy00014    452013197506241234    陆心怡    1*545556428    1980-06-24
#hy00015    452013200315202451    周龙威    1*145204131    2008-12-20
#hy00016    452013200006256432    周萌      1*487695455    2005-06-25
#hy00017    452013201309096512    许囡囡    1*958463466    2018-09-09
#hy00018    452013200510283652    周梦      1*845874689    2010-10-28
#hy00019    452013196511021234    徐艳妮    1*021305460    1970-11-02
#hy00020    452013199903012541    李昆      1*155423142    2004-03-01
#hy00021    452013201301013564    周燕      1*254163220    2018-01-01
#hy00022    452013200003053564    胡萌萌    1*464552499    2005-03-05
#hy00023    452013199808246542    邓丽      1*846579987    2003-08-24
#hy00024    452013199402063214    高媛媛    1*352546488    1999-02-06
#hy00025    452013199201082345    徐泽      1*345675468    1997-01-08
```

【例 10-20】例 10-19 中备份完成后可以将文件中的数据导入新的 member_copy 表中。
首先创建 member_copy 表结构：

```
CREATE TABLE member_copy LIKE members;
```

然后使用 LOAD DATA 命令将 D 盘 myfile1.txt 中的数据恢复到 Bookstore 数据库的 member_copy 表中。

```
LOAD DATA INFILE 'D:/myfile1.txt'
    INTO TABLE member_copy;
```

恢复成功后可以查询 tsjy 数据库下的 member_copy 表。

```
SELECT * FROM  member_copy;
```

执行结果如图 10-1 所示。

【例 10-21】备份 tsjy 数据库 members 表中的数据到 D 盘 FILE 目录中，要求字段值如果是字符就用双引号标注，字段值之间用逗号隔开，每行以“? ”为结束标志。

```
USE txjy;
SELECT * FROM  Members
INTO OUTFILE 'D:/myfile2.txt'
FIELDS  TERMINATED BY ','
    OPTIONALLY ENCLOSED BY '\"'
    LINES TERMINATED BY '?';
```

信息 结果 1 剖析 状态

会员编号	身份证号	会员姓名	联系电话	注册时间
#hy00001	4520**** 9911161535	赵龙	131**** 9854	2004-11-16
#hy00003	4520**** 8501242051	诸葛秦明	154**** 1548	1990-01-24
#hy00004	4520**** 6612232541	钱学三	154**** 6487	1971-12-23
#hy00005	4520**** 0602542205	孙少华	158**** 1468	2011-02-24
#hy00006	4520**** 0012245469	孙自立	151**** 3652	2005-12-24
#hy00007	4520**** 1512010022	李雪	154**** 4682	2020-12-01
#hy00008	4520**** 8011260126	李丽珍	198**** 4765	1985-11-26
#hy00009	4520**** 0408202234	郑子怡	133**** 5464	2009-08-20
#hy00010	4520**** 1507239561	徐子文	123**** 5412	2020-07-23
#hy00011	4520**** 0611193254	许雯	112**** 5546	2011-11-19
#hy00012	4520**** 6402025431	吴壮志	181**** 3555	1969-02-02
#hy00013	4520**** 8505243568	吴琳	128**** 5564	1990-05-24
#hy00014	4520**** 7506241234	陆心怡	155**** 6428	1980-06-24
#hy00015	4520**** 0315202451	周龙威	131**** 4131	2008-12-20
#hy00016	4520**** 0006256432	周萌	154**** 5455	2005-06-25
#hy00017	4520**** 1309096512	许囡囡	119**** 3466	2018-09-09

图 10-1 查询表数据

导出成功后可以查看 D 盘 FILE 文件夹下的 myfile2.txt 文件。

【例 10-22】将 D 盘 myfile2.txt 中数据恢复到 tsjy 数据库的 Member_copy2 表中。

首先创建 member_copy2 表结构：

```
CREATE TABLE member_copy2 LIKE members;
```

然后使用 LOAD DATA 命令将 D 盘 myfile2.txt 中数据恢复到 Bookstore 数据库的 Member_copy2 表中。

```
LOAD DATA INFILE  'D:/myfile2.txt'
INTO TABLE member_copy2
FIELDS  TERMINATED BY ','
    OPTIONALLY ENCLOSED BY '\"'
    LINES TERMINATED BY '?';
```

10.3.3 MySQL 日志

MySQL 有几个不同的日志文件，可以帮助用户找出 mysqld 内部发生的事情，见表 10-1。

表 10-1 日志文件

日 志 文 件	记入文件中的信息类型
错误日志	记录启动、运行或停止 mysqld 时出现的问题
查询日志	记录建立的客户端连接和执行的语句
更新日志	记录更改数据的语句。不赞成使用该日志
二进制日志	记录所有更改数据的语句。还用于复制
慢日志	记录所有执行时间超 long_query_time 秒的所有查询或不使用索引的查询

1. 启用日志

二进制日志可以在启动服务器时启用，这需要修改 C:\Program Files\MySQL 文件夹中的 my.ini 选项文件。打开该文件，找到 [mysqld] 所在行，在该行后面添加以下格式的一行：

```
log-bin[=filename]
```

假设这里 filename 取名为 bin_log。若不指定目录，则在 MySQL 的 data 目录下自动创建二进制日志文件。

若日志路径指定为 C:/appserv/MySQL/bin 目录，添加以下一行：

```
log-bin=C:/appserv/MySQL /bin/bin_log
```

保存后重启服务器。

2. 用 mysqlbinlog 处理日志

使用 mysqlbinlog 实用工具(在 Windows 命令行窗口运行)可以检查二进制日志文件。命令格式为：

```
mysqlbinlog [options]  日志文件名
```

说明：日志文件名是二进制日志的文件名。

例如，运行以下命令可以查看 bin_log.000001 的内容：

```
mysqlbinlog bin_log.000001
```

由于二进制数据可能非常庞大，无法在屏幕上延伸，可以保存到文本文件中：

```
mysqlbinlog bin_log.000001>D:/lbin-log000001.txt
```

使用日志恢复数据的命令格式如下：

```
mysqlbinlog [options]日志文件名
             | mysql [options]
```

项目 10 管理数据库

【例 10-23】数据备份与恢复举例：

数据备份过程如下：

① 在星期一下午 1 点进行数据库 Bookstore 的完全备份，备份文件为 file.sql。

② 从星期一下午 1 点开始用户启用日志，bin_log.000001 文件保存了从星期一下午 1 点以后的所有更改。

③ 在星期三下午 1 点时数据库崩溃。

现要将数据库恢复到星期三下午 1 点时的状态。

恢复步骤如下：

① 首先将数据库恢复到星期一下午 1 点时的状态。

② 然后使用以下命令将数据库恢复到星期三下午 1 点时的状态：

```
mysqlbinlog bin_log.000001
```

由于日志文件要占用很大的硬盘资源，所以要及时将没用的日志文件清除掉。以下 SQL 语句用于清除所有的日志文件：

```
RESET MASTER;
```

如果要删除部分日志文件，可以使用 PURGE MASTER LOGS 语句。

语法格式：

```
PURGE {MASTER | BINARY} LOGS TO '日志文件名'
```

用于删除日志文件名指定的日志文件。

或

```
PURGE {MASTER | BINARY} LOGS BEFORE '日期'
```

用于删除时间在日期之前的所有日志文件。

【例 10-24】删除 2016 年 5 月 23 日星期一下午 1 点之前的部分日志文件。

```
PURGE MASTER LOGS BEFORE '2016-05-23 13:00:00';
```

10.4 项目实施

任务 10-1 图形管理工具管理用户和权限

除了命令行方式，也可以通过图形界面操作用户和权限，下面以图形管理工具 Navicat For MySQL 为例进行说明。

1. 添加和删除用户

打开 Navicat For MySQL 数据库管理工具，以 root 用户建立连接，单击工具栏中的"用户"按钮，打开图 10-2 所示的管理用户窗口。

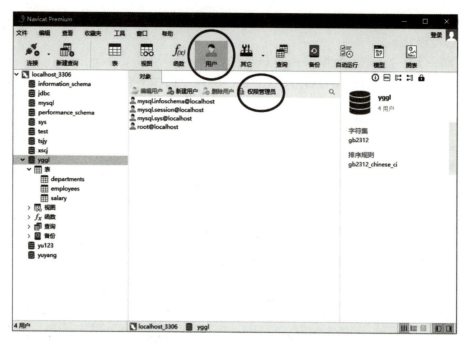

图 10-2　管理用户窗口

按照菜单进行用户操作：

① 添加用户。

② 删除用户。

2. 权限设置

单击图 10-2 中"权限管理员"超链接，打开权限管理员界面，如图 10-3 所示。

图 10-3　权限管理员界面

可根据需要，选择当前用户，使用菜单对相应数据库进行权限管理操作：
① 全局权限设置。
② 数据库权限设置。
③ 表和列权限设置。

任务 10-2　图形管理工具进行备份和恢复

除了命令行方式，也可以通过图形界面操作用户和权限，下面以图形管理工具 Navicat For MySQL 为例进行说明。

1. 使用 MySQL 图形界面工具进行备份和恢复

打开 Navicat For MySQL 数据库管理工具，以 root 用户建立连接，单击工具栏中的"备份"按钮，打开图 10-4 所示的管理用户窗口。

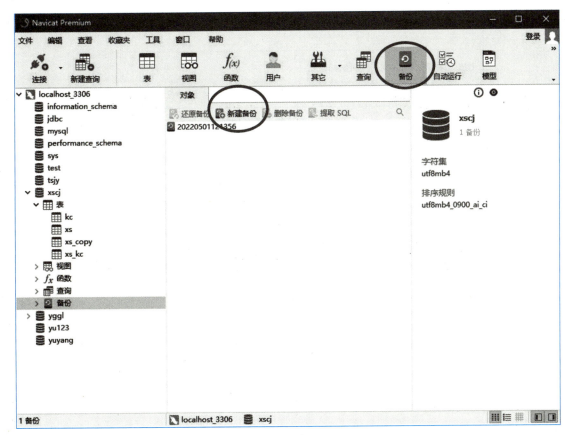

图 10-4　备份

按照菜单进行操作：

1）数据备份

选中要操作的数据库，单击"新建备份"按钮，打开"新建备份"对话框，如图 10-5 所示。

2）数据恢复

数据备份成功以后，将显示在备份窗口中。如果要进行数据恢复操作，则选择相应的备份文件，单击"还原备份"按钮，按菜单指示进行操作，如图 10-6 所示。

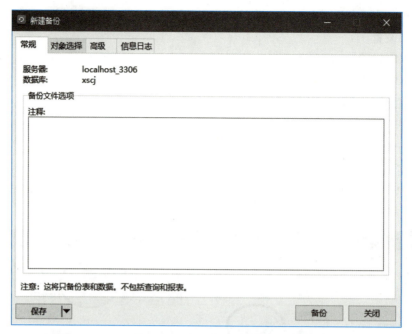

图 10-5 "新建备份"对话框

图 10-6 还原备份

3）直接复制

由于 MySQL 的数据库和表是直接通过目录和表文件实现的，因此可以通过直接复制文件的方法备份数据库。不过，直接复制文件不能够移植到其他机器上，除非要复制的表使用 MyISAM 存储格式。

如果要把 MyISAM 类型的表直接复制到另一个服务器使用，首先要求两个服务器必须使用相同的 MySQL 版本，而且硬件结构必须相同或相似。在复制之前要保证数据表不在被使用，保证复制完整性的最好方法是关闭服务器，复制数据库下的所有表文件（*.frm、*.MYD 和 *.MYI 文件），然后重启服务器。文件复制出来以后，可以将文件放到另外一个服务器的数据库目录下，这样另外一个服务器就可以正常使用这张表了。

10.5 小结

通过对数据库及数据表的管理，本项目主要介绍了以下内容：
- 用户和数据权限管理：用户管理、权限控制、图形管理工具管理用户和权限。
- 数据的备份与恢复：使用命令行备份与恢复数据。
- 用图形管理工具进行备份和恢复。
- MySQL 日志的启用和处理。

10.6 项目实训 10　对学生成绩管理数据库进行管理操作

1. 实训目的

① 掌握创建和管理数据库用户的方法。
② 掌握权限的授予与收回的方法。
③ 掌握数据库备份与恢复的方法。

2. 实训内容

学生成绩管理系统 xscj 包含学生基本情况表（xs）、课程信息表（kc）和成绩表（xs_kc）。

对 xscj 数据库完成以下操作：

① 创建数据库用户 user1 和 user2，密码为"1234"。
② 将用户 user2 的名称改为 user3。
③ 将用户 user3 的密码改为"123456"。
④ 删除用户 user3。
⑤ 授予用户 user1 对 xscj 数据库中 xs 表有 SELECT 操作权限。
⑥ 授予用户 user1 对 xscj 数据库中 xs 表有插入、修改、删除操作权限。
⑦ 授予用户 user1 对 xscj 数据库所有操作权限。
⑧ 授予用户 user1 对 xscj 数据库中 kc 表有 SELECT 操作权限，并允许其将该权限授予其他用户。
⑨ 收回用户 user1 对 xscj 数据库中 xs_kc 表上的 SELECT 操作权限。

10.7 练习题

写出完成以下操作的 SQL 命令：

1. 将用户 King1 和 King2 分别修改成 ken1 和 ken2。
2. 授权用户 king 在 xs 表上的 SELECT 权限。
3. 用户 liu 和张不存在，授予他们在 xs 表上的 SELECT 和 UPDATE 权限。
4. 授予 king 在 xscj 数据库中所有表的 SELECT 权限。
5. 备份 xscj 数据库 kc 表中数据到 D 盘 FILE 目录中，要求字段如果是字符就用双引号标注，字段值之间用逗号隔开，每行以"？"为结束标志。最后将备份后的数据导入到一个和 kc 表结构一样的空 course 表中。

10.8 项目实训 10 考评

【对学生成绩管理数据库进行管理操作】考评记录

姓名			班级		项目评分	
实训地点			学号		完成日期	
	序号	考核内容			标准分	评分
项目实现步骤	1	掌握创建和管理数据库用户的方法			15	
	2	掌握权限的授予与收回的方法			15	
	3	掌握数据库备份与恢复的方法			15	
	4	xscj 数据库完成创建数据库用户的操作			15	
	5	xscj 数据库完成授予用户权限的操作			10	
	6	xscj 数据库完成收回用户权限的操作			10	
	7	职业素养			20	
		实训管理：纪律、清洁、安全、整洁、节约等			5	
		团队精神：沟通、协作、互助、自主、积极等			5	
		学习反思：技能表达、反思内容			5	
教师评语						

拓展阅读

保证数据库中的数据被合理访问和修改是数据库系统正常运行的基本保证。MySQL 提供了有效的数据访问安全机制。用户要访问 MySQL 数据库，首先必须拥有登录服务器的用户名和密码。MySQL 提供了用户管理、权限管理等功能，以便对不同用户进行区别管理。同时 MySQL 还提供了数据备份和恢复、二进制日志文件等手段，来保证数据的安全性，以便实现当数据库出现故障时，将数据库恢复到备份的正确状态。

参 考 文 献

[1] 萨师煊，王珊. 数据库系统概述 [M].3 版. 北京：高等教育出版社，2002.
[2] 周德伟. MySQL 数据库基础实例教程 [M]. 北京：人民邮电出版社，2017.
[3] 明日科技. MySQL 从入门到精通 [M]. 北京：中国铁道出版社，2017.
[4] 郑阿奇. MySQL 实用教程 [M].2 版. 北京：电子工业出版社，2014.
[5] 孔祥盛. MySQL 基础与实例教程 [M].2 版. 北京：人民邮电出版社，2014.
[6] 黑马程序员. MySQL 数据库原理、设计与应用 [M]. 北京：清华大学出版社，2019.
[7] 钱雪忠，王燕玲，张平. MySQL 数据库技术及实验指导 [M]. 北京：清华大学出版社，2012.